Bau- und Wohnforschung

F 2558

Untersuchung vorhandener Heizflächen wie Radiatoren, Konvektoren und Plattenheizkörper auf ihre Verwendbarkeit zur sommerlichen Kühlung im Wohnungsbau

Fraunhofer IRB Verlag

F 2558

Bei dieser Veröffentlichung handelt es sich um die Kopie des Abschlußberichtes einer vom Bundesministerium für Verkehr, Bau und Stadtentwicklung BMVBS geförderten Forschungsarbeit. Die in dieser Forschungsarbeit enthaltenen Darstellungen und Empfehlungen geben die fachlichen Auffassungen der Verfasser wieder. Diese werden hier unverändert wiedergegeben, sie geben nicht unbedingt die Meinung des Zuwendungsgebers oder des Herausgebers wieder.

Dieser Forschungsbericht wurde mit modernsten Hochleistungskopierern auf Einzelanfrage hergestellt.

Die Originalmanuskripte wurden reprotechnisch, jedoch nicht inhaltlich überarbeitet. Die Druckqualität hängt von der reprotechnischen Eignung des Originalmanuskriptes ab, das uns vom Autor bzw. von der Forschungsstelle zur Verfügung gestellt wurde.

© by Fraunhofer IRB Verlag

2011

ISBN 978-3-8167-8573-6

Vervielfältigung, auch auszugsweise,
nur mit ausdrücklicher Zustimmung des Verlages.

Fraunhofer IRB Verlag
Fraunhofer-Informationszentrum Raum und Bau

Postfach 80 04 69
70504 Stuttgart

Nobelstraße 12
70569 Stuttgart

Telefon 07 11 9 70 - 25 00
Telefax 07 11 9 70 - 25 08

E-Mail irb@irb.fraunhofer.de

www.baufachinformation.de

„Untersuchung vorhandener Heizflächen wie Radiatoren, Konvektoren und Plattenheizkörper auf ihre Verwendbarkeit zur sommerlichen Kühlung im Wohnungsbau"

Untersuchung vorhandener Heizflächen für die sommerliche Kühlung im Wohnungsbau

Forschende Stelle:

Fachhochschule Dortmund

University of Applied Sciences and Arts

Fachbereich Architektur

Emil-Figge-Str. 40

44227 Dortmund

Projektleitung:

Prof. Dipl.-Ing. Arch. Armin D. Rogall

Projektbearbeitung:

Dipl.-Ing. Manuel Pampuch

Dipl.-Ing. Daniel Horn

Der Forschungsbericht wurde mit Mitteln des Bundesamtes für Bauwesen und Raumordnung gefördert. Aktenzeichen: Z6 – 10.07.03-06.15 / II 2 - 80 01 06 - 15
Die Verantwortung für den Inhalt des Berichts liegt beim Autor.

Untersuchung des Einsatzes von
Heizkörpern zur sommerlichen Kühlung

Inhaltsverzeichnis

Nomenklatur IV

1. Einleitung und Aufgabenstellung .... - 1 -

   1.1. *Klimaentwicklung* .... - 1 -

       1.1.1. Beobachtete Klimaänderungen [1] .... - 1 -

       1.1.2. Zukünftig zu erwartende Klimaänderungen [1] .... - 5 -

   1.2. *Ziele* .... - 11 -

       1.2.1. Nutzung vorhandener Heizflächen zur „Ankühlung" der .... - 11 -

               Raumtemperatur in Hitzeperioden .... - 11 -

       1.2.2. Ziele dieser Arbeit .... - 12 -

2. Grundlagen .... - 13 -

   2.1. *Grundlagen der Thermischen Behaglichkeit* .... - 13 -

       2.1.1. DIN EN ISO 7730 .... - 14 -

       2.1.2. PMV und PPD .... - 15 -

       2.1.3. Temperatur .... - 17 -

       2.1.4. Luftfeuchte .... - 20 -

       2.1.5. Luftgeschwindigkeit .... - 22 -

       2.1.6. Zusammenspiel aller Faktoren .... - 22 -

       2.1.7. h,x- Diagramm nach Mollier .... - 23 -

       2.1.8. Taupunktproblematik .... - 25 -

       2.1.9. Der Hygro- Thermograph .... - 26 -

   2.2. *Grundlagen der Messtechnik* .... - 27 -

       2.2.1. DIN EN ISO 7726 .... - 28 -

       2.2.2. Temperaturmessung .... - 29 -

       2.2.3. Messung der Luftfeuchtigkeit .... - 31 -

       2.2.4. Luftgeschwindigkeit .... - 33 -

       2.2.5. Strahlungstemperatur .... - 33 -

       2.2.6. Wetterdaten .... - 34 -

2.2.7. Erfassungsanlagen/ Auswertungssoftware ....- 34 -

2.2.8. Volumenstrommessung ....- 34 -

3. Das Forschungsprojekt .... - 35 -

3.1. *Räumlichkeiten und Beschreibung des Kühlkreises* - 37 -

3.1.1. Örtlichkeit ....- 37 -

3.1.2. Die vorhandene Heizungsanlage ....- 39 -

3.1.3. Die vorhandenen Heizflächen ....- 41 -

3.1.4. Heizkörperproblem ....- 42 -

3.1.5. Umbau der Heizungsanlage ....- 43 -

3.1.6. Umbau der Heizkörper zu Kühlkörpern ....- 44 -

3.1.7. Leitungsnetz ....- 45 -

3.2. *Der Messaufbau im Forschungsprojekt* .... - 45 -

3.2.1. Projektbezogener Messaufbau ....- 46 -

3.2.2. Fehleranalyse ....- 50 -

4. Messung .... - 51 -

4.1. *Messphasenplan* .... - 51 -

4.2. *Beschreibung der Messphasen* .... - 52 -

4.2.1. Messphase 1 – Messung mit Hygro- Thermographen ....- 52 -

4.2.2. Messphase 2 – natürliche Aufheizung im Sommer ....- 52 -

4.2.3. Messphase 3 ....- 52 -

4.2.3.1. Erhöhung der Vorlauftemperatur ....- 52 -

4.2.3.2. Kühlung ausgeschaltet ....- 52 -

4.2.4. Messphase 4 – künstliche Aufheizung ....- 53 -

4.2.5. Messphase 5 – Abkühlung mit Ventilatorunterstützung ....- 53 -

4.2.6. Messphase 6 - Befeuchtung ....- 53 -

4.2.7. Messphase 7 – erhöhte Raumnutzung ....- 53 -

4.2.8. Messphase 8 - Kondensatbildung ....- 54 -

4.2.9. Messphase 9 – Vorlauftemperatur oberhalb des Taupunktes - 54 -

5. Auswertung der Messergebnisse .... - 55 -

    5.1.1. Messphase 1 – Messung mit Hygro- Thermographen .... - 55 -

    5.1.2. Messphase 2 – natürliche Aufheizung .... - 58 -

    5.1.3. Messphase 3 .... - 64 -

    5.1.3.1. Erhöhung der Vorlauftemperatur .... - 64 -

    5.1.3.2. Kühlung ausgeschaltet .... - 69 -

    5.1.4. Messphase 4 – künstliche Aufheizung .... - 70 -

    5.1.5. Messphase 5 – Abkühlung mit Ventilatorunterstützung .... - 74 -

    5.1.6. Messphase 6 - Befeuchtung .... - 79 -

    5.1.7. Messphase 7 – erhöhte Raumnutzung .... - 83 -

    5.1.8. Messphase 8 – Kondensatbildung .... - 87 -

    5.1.9. Messphase 9 – Erhöhung der Vorlauftemperatur .... - 93 -

6. Zusammenfassung .... - 96 -

7. Quellenangaben .... - 100 -

7.1. *Literaturverzeichnis* .... - 100 -

7.2. *Abbildungsverzeichnis* .... - 101 -

8. Anhang .... - A1 -

Nomenklatur

Griechische Symbole

Δ	Delta = Änderung oder Differenz
α	Alpha
ρ	Rho

Symbole

°C	Grad Celsius
K	Grad Kelvin
U_{th}	Thermospannung
t	Temperatur in °C
t_r	Mittlere Strahlungstemperatur
t_g	Globetemperatur
t_a	Lufttemperatur
T	Temperatur in K
g	gramm
kg	Kilogramm
m	Meter
s	Sekunde
J	Joule

Abkürzungen

PMV	Predicted Mean Vote
PPD	Predicted Percentage of Dissatisfied

1. Einleitung und Aufgabenstellung

1.1. Klimaentwicklung

Entsprechend den vielfältigen aktuellen Berichterstattungen, Veröffentlichungen und Diskussionen in allen Medien zu Themenschwerpunkten wie „Klimaerwärmung", „Klimaveränderung", „CO_2 Ausstoß", etc., werden im Folgenden exemplarisch zwei Untersuchungen des Umweltbundesamtes zitiert, die die anstehenden und bereits einsetzenden klimatischen Veränderungen innerhalb Deutschlands dokumentieren und verdeutlichen sollen.

1.1.1. Beobachtete Klimaänderungen [1]

Unter **Klima** versteht man die Gesamtheit meteorologischer Größen, gemittelt über eine Zeitspanne an einem bestimmten Ort. Es wird nicht nur durch atmosphärische Prozesse beeinflusst, sondern auch durch die Erdoberfläche, die Sonneneinstrahlung und den Menschen. Natürliche Schwankungen einer oder mehrerer meteorologischer Größen hat es immer gegeben. Jedoch weisen viele Größen eine starke Änderung in eine Richtung in den letzten 150 Jahren auf, die es zuvor noch nie gegeben hat – der so genannte anthropogene **Klimawandel**. Im Folgenden werden ein paar Beispiele aufgezeigt.

Eine vom Umweltbundesamt in Auftrag gegebene und vom Institut für Atmosphäre und Umwelt der Universität Frankfurt/Main durchgeführte Untersuchung über beobachtete Klimaänderungen in Deutschland hat ergeben, dass der Klimawandel bereits angefangen hat. So zeigt die Analyse des **Niederschlages**, dass in dem Zeitraum 1901 bis 2000 die Wahrscheinlichkeit für relativ trockene Monate abgenommen, die für extreme Starkniederschläge zugenommen hat, wobei letzteres Ereignis im Osten Deutschlands seltener, hingegen im Westen häufiger eingetreten ist. Dies gilt für Tageswerte als auch für Monatswerte in ähnlicher Weise. Im Winter zeigte sich ein starker Trend zu höheren, hingegen im Sommer zu verringerten Niederschlagssummen. Entsprechend haben Tage mit hohen Niederschlagssummen im Sommer verbreitet ab-, in den anderen Jahreszeiten (vor allem im Winter und in Westdeutschland) jedoch zugenommen. Den abnehmenden Trend von Starkniederschlägen im Osten und die Zunahme im Westen veranschaulicht eine Zeitreihe von Pegelständen. Auch wenn das Elbehochwasser 2002 hier nicht aufgeführt ist, so ändert dies nichts an der Grundaussage.

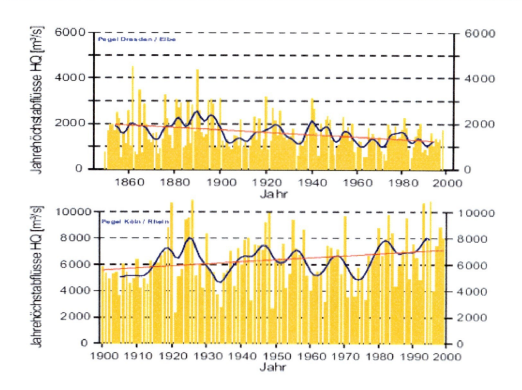

Abb. 1-1: Jahreshöchstabflüsse an den Pegeln Dresden/Elbe und Köln/Rhein
Quelle: UBA, 2007

Doch mehr Niederschläge im Winter haben nicht unbedingt auch mehr **Schnee** bedeutet. Seit den 1950er Jahren nahm die Schneedeckendauer in Süddeutschland um 30-40 % im Flachland und um 10-20 % in Mittelgebirgslagen bis 800 m ab. Lediglich über 800 m gibt es bisher keinen Negativtrend, stellenweise wurde sogar ein Anstieg verzeichnet. [2]

Bei den **Temperaturen** zeigte sich, dass besonders kalte Monate und Tage seltener geworden sind und sehr warme zugenommen haben. Auch saisonal lässt sich für Winter, Frühjahr und Sommer ein Trend zum Wärmeren und abnehmende Wahrscheinlichkeit für zu kühle Jahreszeiten ableiten. Besonders im Sommer und Winter zeigten sich eine Zunahme der Wahrscheinlichkeit von warmen und eine Abnahme von kalten Tagen.

Tab.1-1: Übersicht über Klimatrends in Deutschland (Jonas et al., 2005)					
Klimaelement	**Frühling**	**Sommer**	**Herbst**	**Winter**	**Jahr**
Temperatur, 1901 - 2000	+ 0,8 °C	+ 1,0 °C	+1,1 °C	+ 0,8 °C	+ 1,0 °C
Temperatur, 1981 - 2000	+ 1,3 °C	+ 0,7 °C	-0,1 °C	+ 2,3 °C	+ 1,1 °C

Allerdings vollzog sich die Erwärmung nicht linear. So gab es Anfang des Jahrhunderts einen raschen Anstieg, dann eher eine wechselhafte Periode, die in den 1940er Jahren in einer erneuten starken Erwärmung endete. Nach einer erneuten Abkühlung ist seit Ende der 1970er Jahre ein kontinuierlicher und rapider Anstieg zu beobachten, der bis heute anhält.

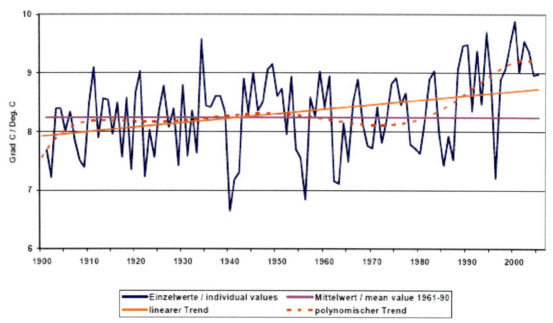

Abb. 1-2: Jahresmitteltemperatur in Deutschland 1901-2003
Quelle: DWD, 2004

Eine genaue statistische Analyse der Temperatur in den letzten 100 Jahren erfahren Sie im Bericht über Extremereignisse und Klimaänderung.

Beim **Wind** sind die Ergebnisse recht uneinheitlich, so dass hier keine klaren allgemeingültigen Aussagen getroffen werden können. Dies hängt vermutlich auch mit der relativ großen Fehlerbelastung zusammen. Mit einiger Vorsicht lässt sich für Deutschland jedoch sagen, dass tendenziell die Wahrscheinlichkeit extrem hoher täglicher Windmaxima im Winter eher zu- und im Sommer eher abgenommen hat.

Anhand von Zeitreihen, die **treibhausrelevante Gase** (wie Kohlendioxid, Methan oder auch Distickstoffoxid) aufzeigen, lässt sich auch ein eindeutiger Trend zum hausgemachten Klimawandel ableiten. So stieg die Konzentration von CO_2 seit der Industrialisierung um 30 % und liegt heute bei 367 ppm (Stand: 2004). Die aktuelle Anstiegsrate von 1,5 ppm pro Jahr ist für die letzten 420 000 Jahre einzigartig. Ebenso gibt es keinen vergleichbaren Anstieg der Methankonzentration, welche sich seit der Industrialisierung mehr als verdoppelt hat. Ähnlich verhält es sich auch bei N_2O, dessen Anteil sich in der Atmosphäre um 17 % erhöhte.

Untersuchung des Einsatzes von
Heizkörpern zur sommerlichen Kühlung

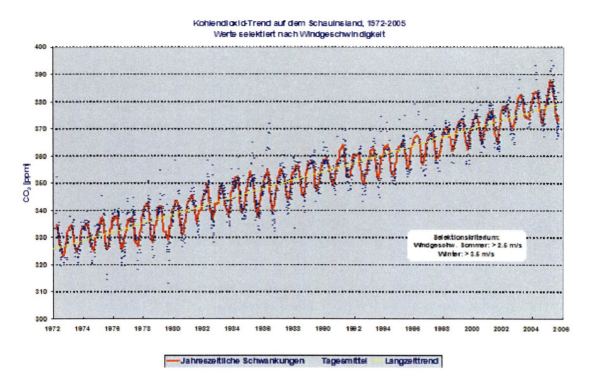

Abb. 1-3: Kohlendioxid-Trend auf dem Schauinsland, 1972-2005
Quelle: UBA, 2006

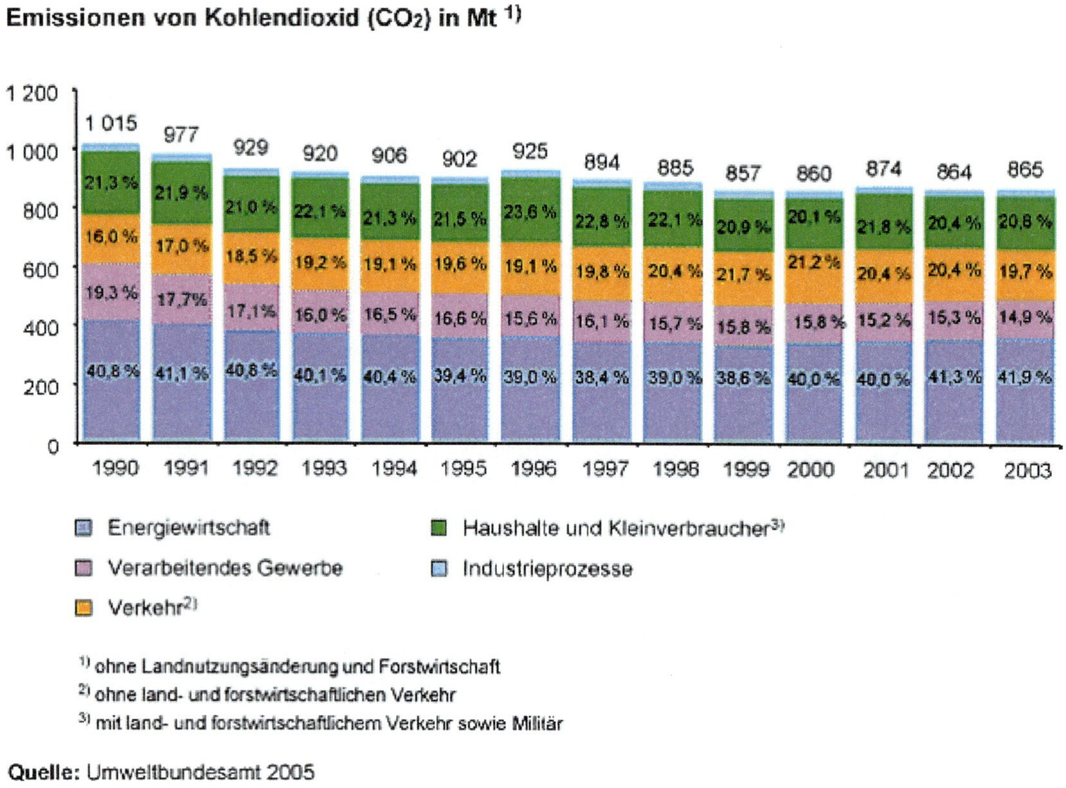

Emissionen von Kohlendioxid (CO2) in Mt [1]

Abb. 1-4: Emissionen von Kohlendioxid (CO2) in Mt
Quelle: Umweltbundesamt, 2005

1.1.2. Zukünftig zu erwartende Klimaänderungen [1]

Im Auftrag des UBA erstellten das Max-Planck-Institut für Meteorologie (MPI), Hamburg, und die Firma Climate & Environment Consulting GmbH, Potsdam, unter der Leitung von Dr. Daniela Jacob und Dr. Wolfgang Enke Szenarien für mögliche Klimaänderungen in Deutschland bis zum Jahr 2100. Diese Szenarien simulieren mögliche Entwicklungen des Klimas, die auf der Grundlage plausibler, oft vereinfachter Annahmen über den künftigen demographischen, gesellschaftlichen, wirtschaftlichen und technischen Wandel bestimmt werden. Die Klimaänderungsszenarien lassen sich somit als plausible, mögliche Darstellungen der Zukunft, jedoch nicht als Vorhersagen des Wetters für morgen oder übermorgen verstehen.

Für die Ableitung der regional hoch aufgelösten Klimaszenarien aus globalen Klimamodellen setzt das Forscherteam zwei Verfahren ein: Mit dem Modell REMO bilden die Forscher die dynamischen Vorgänge in der Atmosphäre ab.

Das Modell WETTREG nutzt die statistischen Wechselbeziehungen bisheriger Klimabeobachtungen – vor allem den Einfluss der Großwetterlagen auf das Lokalklima.

Erste Ergebnisse des Modells REMO zur künftigen Entwicklung der Temperatur und der Niederschläge in Deutschland, stellte das UBA im April 2006 vor. Mit den Ergebnissen des WETTREG-Modells, steht nun der zweite Baustein, mit für Deutschland regionalisierten Klimaszenarien, zur Verfügung. Die Klimaszenariendaten dieses Modells beschreiben den mittleren, typischen Verlauf des Klimas in einer Region, repräsentiert durch eine bestimmte Gruppe von Messstationen. Die Daten sind somit ein Indiz für den jeweiligen Zustand des großräumigen Klimas. Eine Aussage zum künftigen Wettergeschehen an einer Station zu einem beliebigen Tag in der Zukunft ist jedoch nicht möglich.

Mit der Vorlage der WETTREG-Klimaszenarien ist jetzt eine umfassendere Projektion der möglichen Entwicklung des Klimas in Deutschland als Folge des globalen Wandels möglich. Mit der Verwendung verschiedener Modelle sind Entwicklungstrends besser erkennbar und die Spannweite der möglichen Klimaänderung besser zu beurteilen. In der Summe stehen aus REMO und WETTREG mehrere Realisierungen für die drei untersuchten Szenarien zur Verfügung. Darüber hinaus können die Forscher die Unsicherheit der Szenariendaten, die wegen der unterschiedlichen Regionalisierungsmethoden entsteht, besser interpretieren.

Beide Modelle zeigen für die zukünftige Temperaturentwicklung ein konsistentes Bild (Abb. 1-5): In Deutschland ist eine rasche Erwärmung sehr wahrscheinlich. Abhängig von der Höhe des künftigen globalen Treibhausgas-Ausstoßes, ist eine Erhöhung der Jahresmitteltemperatur bis zum Jahr 2100, im Vergleich zum Zeitraum 1961 bis 1990, um 1,5 bis 3,7 °C zu erwarten. Sehr wahrscheinlich ist dabei eine Erwärmung um 2 bis 3 °C. Diese Erwärmung würde sich saisonal unterschiedlich stark ausprägen. Der größte Temperaturanstieg wäre im Winter zu erwarten.

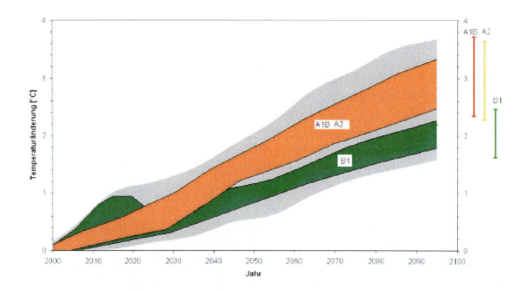

Abb. 1-5: Zeitlicher Verlauf der Lufttemperatur gegenüber der Periode 1961 bis 90 in Deutschland. Die einzelnen Korridore (Orange für A1B und A2, Grün für B1) stellen das Mittel aus 10 WETTREG- Simulationen und dem REMO- Lauf dar. Die rechte Achse gibt die Spannweite der Ergebnisse für jedes Szenario an. Die graue Fläche verdeutlicht die Spannweite aller drei Zukunftsszenarien.
Quelle: UBA, 2006

ergänzende Informationen zu Abb. 1: siehe Fußnote [2]

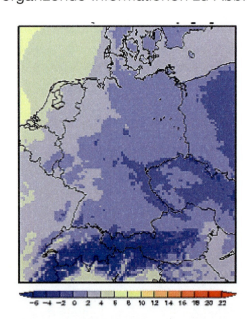 

Abb. 1-6: Wintertemperatur (°C) der Periode 1961-90 (links) und Temperaturanstieg im Jahresmittel für die Jahre 2071-2100 gegenüber dem Vergleichszeitraum 1961-90 (rechts). REMO - Szenario A1B.
Quelle: UBA, 2006

Ergebnisse aus dem WETTREG- Modell für Deutschland:

Der Anstieg der Jahresmitteltemperatur bewirkt ganzjährig höhere Temperaturen. Das bedeutet, dass Tage mit Frost – und auch Schnee – deutlich abnähmen und Tage mit einer Maximumtemperatur über 30°C deutlich zunähmen (Abb. 1-7). Neben größerer Hitze am Tag gäbe es zudem häufiger „Tropennächte", in denen die Temperatur nicht unter 20°C sänke. Für die Bevölkerung könnte dies klimatisch bedingte Stresssituationen zur Folge haben: Für Freiburg etwa könnte sich die Zahl der heißen Tage bis 2100 gegenüber dem Vergleichszeitraum 1961-90 fast verdoppeln, die Zahl der Tropennächte beinahe verdreifachen.

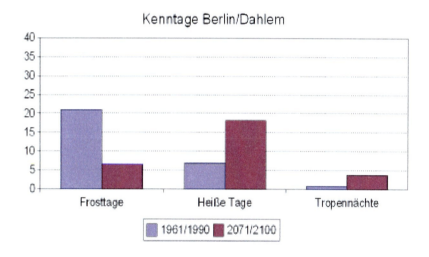

Abb. 1-7: Veränderung der Zahl der Frosttage (Minimumtemperatur <0°C), heißen Tagen (Maximumtemperatur >30°C) und Tropennächte (Minimumtemperatur>20°C) für die Jahre 2071-2100 gegenüber dem Vergleichszeitraum 1961-90 in Berlin-Dahlem
Quelle: UBA, 2006

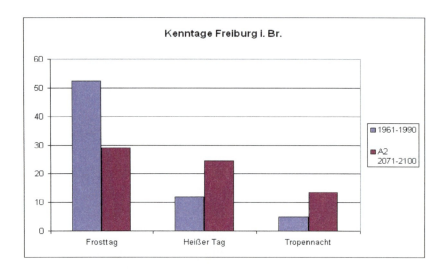

**Abb. 1-8: Veränderung der Zahl der Frosttage (Minimumtemperatur <0°C), heißen Tagen (Maximumtemperatur >30°C) und Tropennächte (Minimumtemperatur>20°C) für die Jahre 2071-2100 gegenüber dem Vergleichszeitraum 1961-90 in Freiburg im Breisgau
Quelle: UBA, 2006**

Bei den Niederschlägen ist ein Trend für den Gesamtjahresniederschlag weniger gut sichtbar. Hier zeichnet sich eher eine Umverteilung innerhalb der Jahreszeiten ab. Abbildung 1-9 zeigt dies für das gesamte Gebiet Deutschlands.

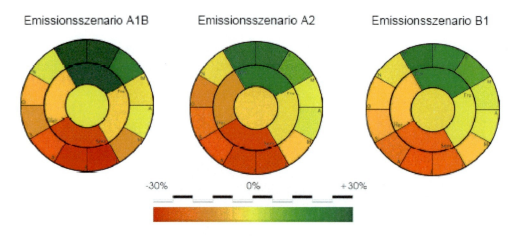

**Abb. 1-9: Niederschlagstrend für Deutschland im Vergleich der Zeiträume 2071/2100 – 1961/1990. Die Angabe erfolgt in Prozent. Dabei stellt der äußere Ring die Angabe für die einzelnen Monate, der mittlere die Jahreszeiten und das Zentrum das Jahr dar; nur WETTREG Ergebnisse. Welche Treibhausgasemissionen den drei Emissionsszenarien zugrunde liegen erläutert Fußnote [2].
Quelle: UBA, 2007**

Hier ist erkennbar, dass sich die sommerlichen Niederschläge durchschnittlich um 30 Prozent verringern könnten. Am stärksten wäre dieser Niederschlagsrückgang im Nordosten und Südwesten Deutschlands ausgeprägt (Abb. 1-10). Hier könnten gegen Ende dieses Jahrhunderts etwa nur noch zwei Drittel oder sogar noch weniger Niederschläge fallen, als bisher gewohnt. Hohe sommerliche Temperaturen sorgten neben diesen ungewohnt niedrigen Regenmengen dafür, dass sich – falls Wasser zur Verdunstung verfügbar ist – diese Verdunstung deutlich erhöhte. Diese Entwicklung könnte in Regionen, die schon heute Trockenheiten erleben – wie der Nordosten Deutschlands – ohne geeignete Anpassung zu Problemen führen: Beispielsweise müssten Land- und Forstwirtschaft mit weniger Wasser auskommen. Die Untersuchungen lassen darüber hinaus im Sommer erwarten, dass die Flüsse weniger Wasser führen. Dies könnte die Wasserqualität beeinträchtigen und die Kühlleistung der Kraftwerke beeinträchtigen.

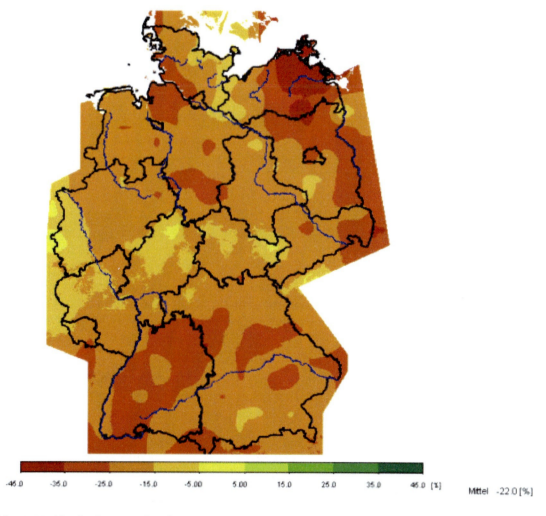

Abb. 1-10: Veränderung der Sommerniederschläge (in Prozent) für die Jahre 2071–2100 gegenüber dem Vergleichszeitraum 1961–90. Szenario A1B
Quelle: UBA, 2007

1.2. Ziele

1.2.1. Nutzung vorhandener Heizflächen zur „Ankühlung" der Raumtemperatur in Hitzeperioden

Die fortschreitende globale Klimaveränderung verlangt nach neuen Lösungen und Konzepten für eine ressourcenschonende und energieeffiziente sommerliche Kühlung. Durch den in Abs. 1 beschriebenen Klimawandel ist zu erahnen, dass die sommerlichen Komfortansprüche nicht mehr allein durch den sommerlichen Wärmeschutz zu befriedigen sind. Deshalb ist es notwendig, die thermische Behaglichkeit durch technische Maßnahmen zu gewährleisten.
Weit verbreitet und sehr umstritten sind im Zuge der Raumklimatisierung die elektrisch betriebenen Klima-Splitgeräte. Aus Umweltgesichtspunkten ist es bei der zu erwartenden Klimaveränderung nicht ratsam, den Energieträger Strom überwiegend zur Kühlung von Gebäuden heranzuziehen. Wegen des geringen Wirkungsgrades der strombetriebenen Geräte sind auch die größeren Umwandlungs- und Transportverluste bei der Stromerzeugung und -verteilung die Ursache für einen hohen Primärenergieaufwand.
Es empfiehlt sich der Einsatz eines umweltfreundlichen Gerätes, das im Winter zur Beheizung und im Sommer zur Kühlung eingesetzt werden kann. Hinsichtlich des zu erwartenden Klimawandels kann der zukünftige Bedarf an Klimaanlagen und Kältegeräten auch durch Geräte auf Gasbasis abgedeckt werden.
Der Einsatz der Gas–Wärmepumpen-Technologie ermöglicht die Nutzung von Umweltwärme aus erneuerbaren Energien wie zum Beispiel Erdwärme, Luft, Wasser und andere. Betrachtet man derzeit die Energieversorgung in Deutschland, so steigt der Stromverbrauch im Sommer durch zusätzliche Stromaufnahme für Kühlgeräte erheblich an. Im Gegensatz dazu fällt proportional der Gasabsatz im Sommer ab. Um zu verhindern, dass es zu einer Überlastung des Stromnetzes wie im Jahrhundertsommer 2003 kommt (in Spanien und Italien brachen teilweise die Stromnetze zusammen), könnten durch Einsatz von Erdgas im Bereich der Kühlung die sommerlichen Peaks abgebaut werden. Der im Sommer niedrigere Gasabsatz kann damit ausgeglichen und gesteigert werden. Die Kapazitäten der stromproduzierenden Kraftwerke müssen somit im Sommer nicht erhöht werden. Die Wärmepumpentechnik eignet sich nicht nur zur umweltfreundlichen Gebäudeheizung, diese Geräte können auch zur Kühlung in Gebäuden eingesetzt werden. In diesem Zusammenhang gilt zu prüfen, in wie weit sich verschiedene, vorhandene Heizflächen unter Berücksichtigung der Einbausituation und den damit verbundenen notwendigen Umbaumaßnahmen zur Raumtemperierung/ "Ankühlung" nutzen lassen, und welchen Beitrag eine solche Nutzung bei der Verringerung des für die Gebäudekühlung notwendigen Energieeinsatzes (incl. aller Folgen wie CO_2-Emissionen etc.) leisten kann.

Ziel ist die Steigerung der thermischen Behaglichkeit in Räumen unter möglichst geringem finanziellem und materiellem Einsatz im Wohnungsbau. Kann der Einsatz von vorhandenen Heizflächen zur Kühlung genutzt werden, um den steigenden Wohn- und Lebenskomfort sowie den gesundheitlichen Ansprüchen der Nutzer in Wohngebäuden bei längeren Hitzeperioden mit so genannten Tropennächten, die Nachttemperaturen fallen nicht unter 20 °C, gerecht zu werden?

Bisherige Betrachtungen und Arbeiten beziehen sich fast ausschließlich auf Untersuchungen, Anforderungen oder Vorgaben für den Bereich der Nicht-Wohngebäude, öffentliche Gebäude, Gewerbe und Bürobauten.

1.2.2. Ziele dieser Arbeit

In diesem Forschungsvorhaben: „**Untersuchung vorhandener Heizflächen wie Radiatoren, Konvektoren und Plattenheizkörpern auf ihre Verwendbarkeit zur sommerlichen Kühlung im Wohnungsbau**" sollten unter der Projektleitung von Herrn Prof. Rogall und der Projektdurchführung von Dip.-Ing. Pampuch vorhandene Plattenheizkörper eines Zweirohrsystems mit Kaltwasser beschickt werden, um den sich einstellenden, realen Kühleffekt zu messen. Dabei ging es grundsätzlich um die Frage: „Kann man mit Heizkörpern temporär auch Kühlen?" Eine Aufgabe war es, eine Messdatenerfassungsanlage zur Aufzeichnung der relevanten Parameter, die den Einsatz von vorhandenen Heizkörpern zur sommerlichen Kühlung beschreiben, zu planen und zu installieren.

Vor dem Hintergrund des Jahrhundertsommers 2003 in dem besonders ältere und pflegebedürftige Menschen unter der enormen Hitze litten und in Paris viele Hitzeopfer zu beklagen waren, sollte geklärt werden, ob mit Kälte aktivierten Heizkörpern Überhitzungen von Räumen, wie sie durch den Klimawandel zukünftig zu erwarten sind, vermieden werden können. Im Gebäude der Fachhochschule Dortmund im Ostflügel des Fachbereiches Architektur wurde dazu ein Heizkreislauf über das Fernkältesystem mit Kälte beschickt. In zwei Versuchsräumen und einem Referenzraum ohne Kühlung wurde das Temperatur- und Feuchteverhalten in den Sommerphasen von Juli bis September untersucht. Des Weiteren sollte beurteilt werden, inwieweit sich diese Methode der Raumtemperierung auf den Wohnungsbau oder in Altenheimen und Pflegestationen übertragen lässt. Die ausgewählten Büroräume wurden bevorzugt, da diese in unregelmäßigen Abständen in Anspruch genommen werden. Deshalb kann eine kontinuierliche Wärmeabgabe durch elektrische Geräte ausgeschlossen werden.

2. Grundlagen

2.1. Grundlagen der Thermischen Behaglichkeit

Der Mensch reagiert sehr empfindlich auf äußere Umgebungsbedingungen. Es ist besonders wichtig, einen Lebensraum zu schaffen, in dem er sich wohl fühlt. Da es nur wenige Regionen in der Welt gibt, in denen das natürliche Klima optimale Lebensbedingungen für den Mensch schafft, ist der Mensch auf Gebäude angewiesen um sich vor unangenehmen Wetterbedingungen zu schützen. So genannte Klimahüllen schützen den Menschen und machen den Aufenthalt so angenehm wie möglich. Nach der Hüllentheorie von Max Mengeringhausen gibt es drei Hüllen die den Komfort einer Wohnung bestimmen. Max Mengeringhausen (1903-1988, der Erfinder des Meroknotens) beschrieb schon Anfang des 20sten Jahrhunderts die so genannte Hüllentheorie. Demnach ist das Temperaturempfinden abhängig von diesen drei Hüllen.

Die erste Hülle ist die menschliche Haut mit einer Oberflächentemperatur von 36 bis 31 °C die sich je nach Bekleidungsart (Hülle 2) auf 31 bis 29 °C reduziert. Die dritte Hülle ist die Raumhülle, die dann ohne Wärmedämmung bei einer Außenwandtemperatur von -12 °C je nach der Dicke und Beschaffenheit der Außenwand an der Innenseite 10 bis 0 °C sein kann. Diese Strahlungsasymmetrie sorgt für Unbehaglichkeit.

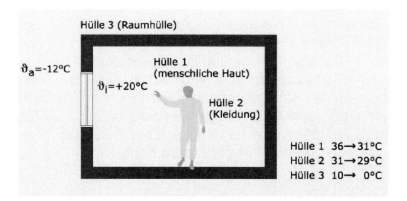

Abb. 2-1: Hüllentheorie nach Max Mengeringhausen

Wir sind heute mittels der Bau- und Klimatechnik technisch in der Lage, Innenräume so zu konditionieren, dass der Mensch sich behaglich fühlt.

Dieser Zustand wird als „**thermische Behaglichkeit**" beschrieben:

„Thermische Behaglichkeit ist definiert als das Gefühl, dass Zufriedenheit mit dem Umgebungsklima ausdrückt."[4]

2.1.1. DIN EN ISO 7730

Jeder Mensch reagiert ganz individuell auf Grund unterschiedlicher Wahrnehmung und unterschiedlichem Wärmeempfinden auf Veränderung der einzelnen Klimagrößen die in einem Raum herrschen.

Zu diesen physikalischen Klimagrößen gehören:

- Lufttemperatur der den Menschen umgebenen Luft
- Oberflächentemperaturen der Umfassungsflächen
- Luftfeuchtigkeit
- Luftgeschwindigkeiten in der Nähe des menschlichen Körpers

Neben den Parametern des Umgebungsklimas ist das Wärmeempfinden noch von weiteren physiologischen Faktoren abhängig. Diese Faktoren sind:

- Körperliche Tätigkeiten
- Thermischer Isolationswert der Bekleidung (Abb.2-3)
- Stoffwechselrate bzw. die Wärmeproduktion des Menschen
- physiologische Eigenschaften wie zum Beispiel das Alter, das Gewicht, Geschlecht und die Körpergröße

Das Wärmeempfinden des Menschen ist von der Art seiner körperlichen Tätigkeit abhängig. Bei einem geringen Tätigkeitsgrad wie etwa im Liegen gibt der Körper ca. 46 Watt pro Quadratmeter Haut an Wärme über seine Oberfläche ab. Dagegen erhöht sich diese Wärmeproduktion durch große körperliche Anstrengung auf etwa 174 W/m^2 (s. Abb. 2-2). Die Angabe „met" (metabolische Rate) ist der in der Physiologie verwendete Zählungsmaßstab für den Bruttoenergieumsatz des Menschen.

Tätigkeitsgrad	Leistungsabgabe	
	[W/m^2]	[met]
Liegen	46	0,8
entspanntes Sitzen	58	1,0
entspanntes Stehen	70	1,2
sitzende Tätigkeit (Büro, zu Hause, Schule, Labor)	70	1,2
leichte Tätigkeit im Stehen (Einkauf, Labor, Industrie)	93	1,6
mittelschwere körperliche Anstrengung im Stehen (Verkäufer, Hausarbeit, Arbeit an der Maschine)	116	2,0
große körperliche Anstrengung (Arbeit an schweren Maschinen, Kfz-Reperatur)	174	3,0

Abb. 2-2: Leistungsabgabe des Menschen bei verschiedenen Tätigkeitsgraden

Durch Bekleidung lässt sich die Wärmeabgabe ebenfalls beeinflussen. Jedes Kleidungsstück besitzt einen spezifischen Wärmeleitwiderstand oder auch Dämmwert genannt (s. Abb. 2-3). Je größer dieser Dämmwert ist, desto weniger Wärme wird durch die Bekleidung abgeführt. In der Bekleidungstechnik wird der so genannte „Clothing Faktor" (clo) angewandt um den Wärmedurchlasswiderstand zu beschreiben. Die Basis dieses Faktors ist eine typische Bekleidung, die im Winter in Gebäuden getragen wird (clo = 1). Die untere Grenze stellt der unbekleidete Körper (clo = 0) dar. Bei einem unbekleideten Körper wird die im Körper produzierte Wärme ungehindert über die Haut abgeführt.

Art der Bekleidung	Wärmedurchlasswiderstand der Bekleidung	
[m²K/W]	[m²K/W]	[clo]
unbekleidet	0	0
kurze Hose	0,015	0,1
tropische Tropenbekleidung(Unterhose, kurze Hose, kurzärmeliges Hemdmit offenem Kragen, leichte Socken und Sandalen)	0,045	0,3
leichte Sommerbekleidung (Unterhose, lange leichte Hose, kurzärmeliges Hemd mit offenem Kragen, leichte Socken und Schuhe)	0,08	0,5
leichte Arbeitskleidung(leichte Unterwäsche, langärmeliges Baumwollhemd, lange Arbeitshose, Wollsocken, Schuhe)	0,11	0,7
typische Bekleidung für Aufenthalt in Räumen, im Winter (Unterwäsche, langärmeliges Hemd, lange Hose, Jackett oder langärmeliger Pullover, dickere Socken, Schuhe)	0,16	1,0

Abb. 2-3: Wärmedurchlasswiderstand der Bekleidung

Auf Grund der verschiedenen körperlichen Verfassungen kann kein Raumklima so eingestellt werden, dass sich alle Menschen darin wohl fühlen würden. Deshalb ist in der Norm EN ISO 7730 ein Berechnungsverfahren hinterlegt, mit dem ein gewisser Prozentsatz an unzufriedenen Personen vorausgesagt werden kann.

2.1.2. PMV und PPD

Das „Predicted mean Vote" (PMV) ist ein Index zur Bewertung des Klimas. Durch eine große Personengruppe kann anhand folgender 7-stufiger Klimabeurteilungsskala ein Durchschnittswert der Klimabewertung vorausgesagt werden (s. Tab. 2-1). Der PMV- Index beruht auf dem Wärmegleichgewicht des menschlichen Körpers, welches gegeben ist, wenn die im Körper erzeugte Wärme gleich derjenigen ist, die an die Umgebung abgegeben wird. Ist dies der Fall kann das Umgebungsklima als „neutral" bewertet werden.

+ 3	heiß
+ 2	warm
+ 1	etwas warm
0	neutral
− 1	etwas kühl
− 2	kühl
− 3	kalt

Tabelle 2-1: 7 stufige Beurteilungsskala zur Bestimmung des PMV [4]

Aus dem PMV-Index kann mittels Gleichung (1) anschließend ein zu erwartender Prozentsatz von Raumnutzern berechnet werden, die mit den herrschenden Klimaverhältnissen unzufrieden sind, dem Predicted Percentage of Dissatisfied (PPD- Wert).

$$PPD = 100 - 95 \cdot e^{-0,03353 \cdot PMV^4 - 0,2179 \cdot PMV^2} \qquad (1)$$

In Abbildung 2-4 ist der vorausgesagte Prozentsatz, der mit dem Raumklima unzufriedenen Personen, in Abhängigkeit von der vorhergesagten mittleren Klimabeurteilung durch die Raumnutzer dargestellt.

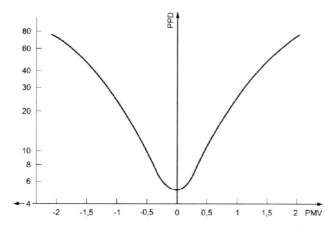

Abb. 2-4: PPD in Abhängigkeit des PMV [4]

Wie in Abbildung 2-4 zu erkennen ist, besteht auf Grund der in Kap. 2.1.1 genannten individuellen körperlichen Eigenschaften selbst bei einem PMV = 0 ein Satz von 5 % der Raumnutzer, die das Klima als unzufriedenstellend beurteilen würden. Die nachfolgenden Absätze beschreiben die Klimaparameter, die die größten Einflüsse auf die Behaglichkeit des Menschen haben.

2.1.3. Temperatur

Den größten Einfluss auf den Wärmehaushalt des Menschen und somit auf das Behaglichkeitsempfinden hat die Lufttemperatur der den Menschen umgebende Luft, da sie entscheidend für die Wärmeabgabe über die Haut ist. Welche Temperatur als behaglich empfunden wird, hängt von den zuvor genannten physiologischen Faktoren ab. In Wohngebäuden kann eine Temperatur zwischen 20 und 23 °C als behaglich angesehen werden.

Wesentlicher als die mittlere Lufttemperatur selbst ist die gleichmäßige Lufttemperaturverteilung im Raum. Ein vertikaler Temperaturunterschied zwischen Decke und Fußboden sollte einen Bereich von 2-3 °C pro Meter Raumhöhe nicht überschreiten.
Verschiedene Heizsysteme unterschiedlicher Wärmeabgabe in den Raum weisen unterschiedliche Raumlufttemperaturprofile über die Raumhöhe auf (s. Abb. 2-5). Der theoretisch idealen Temperaturverteilung (1) kommen Fußboden- und Deckenstrahlheizungen am nächsten (6)(7). Idealerweise sollte die Kopfregion in 1,7 m Höhe mit 18-19 °C kühler als die Fußregion sein.

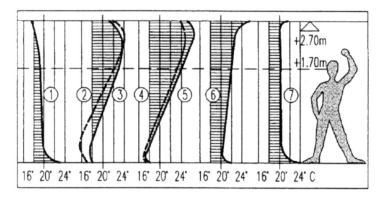

Abb. 2-5: Beispiele für verschiedene Raumluft- Temperaturprofile

Die operative oder empfundene Temperatur hängt neben der Lufttemperatur auch von den Temperaturen der Raumumschließenden Flächen ab. Zu diesen Flächen zählen:

- Wände
- Decken
- Fußböden
- Fenster
- und Heizkörper

Der Strahlungsaustausch zwischen Mensch und Flächen beeinflusst die Behaglichkeit maßgeblich. Der Mensch empfindet bei kalten Raumumschließungsflächen die Raumtemperatur niedriger als bei warmen Umschließungsflächen.

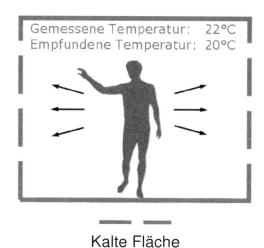

Kalte Fläche

Abb. 2-6: empfundene Temperatur in Abhängigkeit einer kalten Hüllfläche

So kann die Raumlufttemperatur bei warmen Oberflächen auf 18 °C abgesenkt werden, bei einer empfundenen Temperatur von 20 °C.

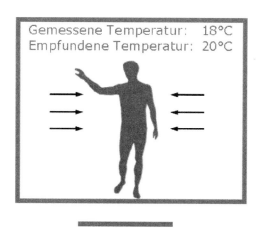

Warme Fläche

Abb. 2-7: empfundene Temperatur in Abhängigkeit einer warmen Hüllfläche

Um nicht zu erfrieren, ist die Überlebensstrategie des Menschen in kalter Umgebung die Erhaltung der Körpertemperatur in den lebensnotwendigen Organen wie Gehirn und Torso mit Herz und Lunge (s. Abb. 2-8).

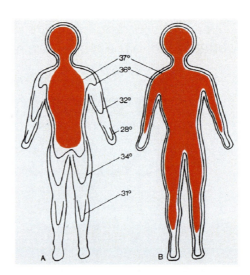

Abb. 2-8: Körpertemperatur des Menschen in:
A kalter und B warmer Umgebung

Als Maß des Strahlungsaustausches wird die mittlere Strahlungstemperatur herangezogen, die sich aus den Temperaturen der einzelnen Flächen, gewichtet mit ihrem Flächenanteil zusammensetzt. Somit kann die operative Raumtemperatur durch das arithmetische Mittel aus Luft- und Strahlungstemperatur beschrieben werden. Der Behaglichkeitsbereich in Abhängigkeit der Oberflächen- und Lufttemperaturen ist in Abb. 2-9 verdeutlicht.

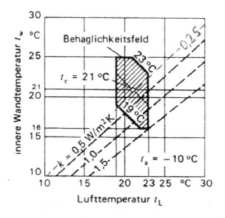

t_e = Empfindungstemperatur
k = Wärmedurchlaßkoeffizient der Wände

Abb. 2-9: Behaglichkeitsfeld in Abhängigkeit der
Oberflächen- und der Lufttemperaturen [11]

2.1.4. Luftfeuchte

Der Feuchtegehalt der Luft hat einen großen Einfluss auf die thermische Behaglichkeit. Der menschliche Körper hält seine Kerntemperatur auf einer konstanten Kerntemperatur von ca. 37 °C, unabhängig von äußeren Temperaturbedingungen. Um dies bewerkstelligen zu können, muss bei einer erhöhten Umgebungstemperatur Wärme aus dem Körper abgeführt werden. Hierzu hat der Mensch evolutionsbedingt aktive Kühlmechanismen entwickelt. Dazu wird das Adersystem, welches unmittelbar unter der Haut liegt, stärker durchblutet, wodurch sich die Oberflächentemperatur der Haut erhöht (s. Abb. 2-10). Somit kann mehr Wärme abgeführt werden, was jedoch von der Person selbst kaum wahrgenommen wird. [6]

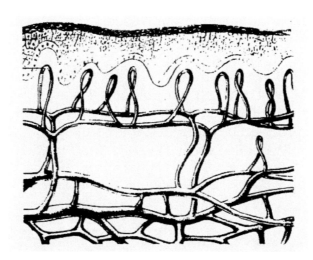

Abb. 2-10: doppeltes Adersystem der menschlichen Haut.

Reicht die Art der Wärmeabfuhr nicht aus um die Körpertemperatur zu senken, beginnt der Körper mit der Produktion von Schweiß, durch dessen Verdunstung ein Kühleffekt eintritt, welcher durch umgebende Luftgeschwindigkeiten zusätzlich gefördert wird. Für die Aggregatsänderung von flüssig zu gasförmig wird Energie benötigt. Beim Verdunsten von Schweiß wird der Hautoberfläche diese Energie entzogen, und führt so zu einem Kühleffekt an der Hautoberfläche. Da die Intensität der Verdunstung von dem Dampfdruckgefälle zwischen Hautoberfläche und Raumluft abhängig ist, hat die Raumluftfeuchte einen großen Einfluss auf die thermische Behaglichkeit. Die Wärmeabgabe durch Verdunstung von Schweiß ist geringer, je höher die relative Feuchte der Raumluft ist. [6]

Die im Raum enthaltene Luft besteht zu größten Teilen aus den Gasen Stickstoff (ca. 78%), Sauerstoff (ca. 21%) und Argon (ca. 0,9%). Zusätzlich zu einigen geringen Anteilen anderer Gase enthält sie eine gewisse Menge an Wasserdampf. Dieser Anteil an Wasserdampf kann je nach Lufttemperatur und Druck variieren. Mit zunehmender Temperatur der Luft steigt auch dessen Aufnahmefähigkeit für Wasserdampf. Der Gehalt von Wasserdampf in der Luft wird als Luftfeuchtigkeit bezeichnet. Dabei wird zwischen der absoluten- und der relativen Luftfeuchtigkeit unterschieden.

Die **absolute Luftfeuchtigkeit** gibt die Masse des Wasserdampfs in einem bestimmten Volumen an und wird meistens in g $_{Wasser}$ pro kg $_{trockener\ Luft}$ angegeben. Die Menge an Wasserdampf die die Luft bei einer Temperatur aufnehmen kann ist begrenzt und wird maximale Feuchte genannt. Ist die Maximale Feuchte erreicht wird auch von gesättigter Luft gesprochen oder von 100 % rel. Feuchte.

Im Gegensatz zur absoluten Luftfeuchtigkeit beschreibt die **relative Luftfeuchte** das prozentuale Verhältnis zwischen dem momentanen und dem zu diesem Zeitpunkt maximal aufnehmbaren Wasserdampfgehalt an. Wird der Dampfgehalt von 100 % überschritten, wird das überschüssige Wasser als Kondensat frei.

Übersteigt der Feuchtegehalt der Luft einen Wert von ca. 11,5 g Wasserdampf pro kg trockener Luft und steigen die Temperaturen dabei, wird die Luft als schwül empfunden. Solch ein Effekt tritt bereits ab einer Lufttemperatur von 24 °C und einer rel. Feuchte von 60 % ein (siehe Abb.2-11).

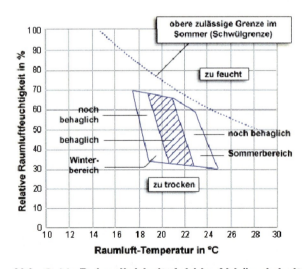

Abb. 2-11: **Behaglichkeitsfeld in Abhängigkeit der rel. Feuchte und der Temperatur** [7]

2.1.5. Luftgeschwindigkeit

Der Wärmehaushalt des Menschen wird auch durch die Luftgeschwindigkeit in seiner Umgebung beeinträchtigt. Je höher die Luftgeschwindigkeit an freien Körperoberflächen ist, desto mehr Wärme wird abgetragen. Diese lokalen Abkühlungen werden bei Luftgeschwindigkeiten ≥ 0,2 m/s als unbehaglich empfunden. Besonders an sehr empfindlichen Körperteilen, wie Nacken und Knöchelbereich der Fußregion, die in den Sommermonaten meist unbekleidet sind, werden auch geringe Luftgeschwindigkeiten als unangenehm vernommen. Bei „normalen" Raumtemperaturen von 20 -22 °C werden zulässige Luftgeschwindigkeiten von 0,1 bis 0,2 m/s angegeben. Neben den Geschwindigkeiten haben besonders Schwankungen dergleichen Einfluss auf die Behaglichkeit. So kann bei konstanter mittlerer Luftgeschwindigkeit die Behaglichkeit durch turbulente Luftströmungen gestört werden. Im Gegensatz dazu wird bei höheren Temperaturen eine Erhöhung der Luftströmung als angenehm beurteilt (geöffnetes Fenster, Ventilatoren). [6]

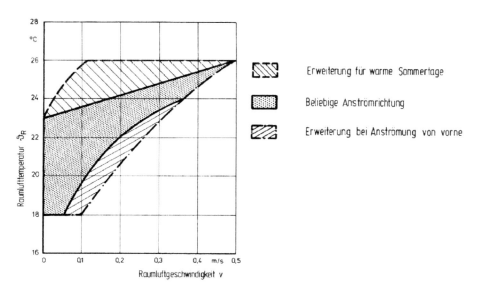

Abb. 2-12: Behaglichkeitsfeld für Luftgeschwindigkeiten und Temperaturen

2.1.6. Zusammenspiel aller Faktoren

Allgemein gesagt hat jeder einzelne der oben genannten Faktoren Einfluss auf das Wohlbefinden des Menschen. Um das Behaglichkeitsempfinden beschreiben zu können, müssen aber die Zusammenhänge der einzelnen Faktoren berücksichtigt werden. Wie schon in den zuvor gezeigten Abbildungen zu sehen ist, wird das Behaglichkeitsempfinden meist durch zwei Klimaparameter beschrieben. Aus Abbildung 2-11 ist zu erkennen, dass eine Temperatur von 20

°C bei einer relativen Feuchte von 55 % als angenehm zu beschreiben ist, es jedoch bei 40 % rel. Feuchte zu Unbehagen kommen kann. Eine Möglichkeit diesen Zusammenhang zwischen Lufttemperatur und Luftfeuchtigkeit darzustellen und eine grafische Ermittlung weiterer Luftzustände bietet das h,x- Diagramm nach Mollier.

2.1.7. h,x- Diagramm nach Mollier

Das h,x- Diagramm ermöglicht eine grafische Darstellung und Berechnung von verschieden Luft -Zuständen und -Zustandsänderungen. Da die Lufteigenschaften abhängig vom Luftdruckdruck sind, lässt sich das h,x- Diagramm immer nur auf einen barometrischen Druck anwenden. Es können folgende Lufteigenschaften ermittelt werden. (s. Abb. 2.13)

- Lufttemperatur
- rel. Luftfeuchte
- abs. Luftfeuchte
- Enthalpie
- Dichte
- Taupunkttemperatur

Hierzu ist die Lufttemperatur in °C auf der Ordinate (y-Achse) und die abs. Luftfeuchte in g/kg $_{trockener\ Luft}$ auf der Abszisse (x- Achse) des Diagramms aufgetragen. Die nach oben gekrümmten Kurven stellen Linien konstanter rel. Luftfeuchte in % dar. Die untere Grenze der Feuchtekurven bildet die Sättigungs- oder Taupunktlinie. An der Taupunktlinie ist die Luft nicht mehr in der Lage, zusätzliche Feuchtigkeit in Form von Wasserdampf aufzunehmen. Wird diese Grenze überschritten, so fällt das überschüssige Wasser in Form von Kondensat aus. Die von links oben nach rechts unten verlaufenden Geraden beschreiben Linien konstanter Enthalpie (Energiegehalt der Luft). An den mit leichtem Gefälle grün gezeichneten Linien kann die Dichte der Luft beschrieben werden.

Sind zwei der oben genannten Größen bekannt, so können die übrigen zeichnerisch ermittelt werden. Aus einem Punkt (A) im folgenden Diagramm lassen sich die Werte wie folgt bestimmen:

Zur Ermittlung der Lufttemperatur folgt man vom Punkt (A) den waagerechten Linien zur y- Achse und kann dort direkt die Temperatur ablesen (1). Die relative Feuchte der Luft wird anhand der gekrümmten Feuchtekurven abgelesen (2). Zeichnet man vom Punkt (A) aus eine Senkrechte bis zur Taupunktlinie und folgt von dort aus den waagerechten Linien zur Ordinate, erhält man die Taupunkttemperatur (3). Die absolute Luftfeuchte wird durch eine senkrechte Linie zur x- Achse bestimmt und kann dort abgelesen werden (4). Der Energiegehalt wird an den diagonal verlaufenden Geraden abgelesen (5). Die Dichte der Luft wird an den leicht nach rechts geneigten grünen Linien abgelesen (6).

Ebenfalls können die Zustandsänderungen in das h,x- Diagramm eingetragen werden. Der einfachste Fall einer Zustandsänderung ist die Erwärmung. Da der Luft weder Feuchtigkeit zugeführt noch entzogen wird, verläuft dieser Vorgang auf einer senkrechten Linie nach oben. Entgegengesetzt dazu kann eine Abkühlung durch eine senkrechte Gerade in Richtung Taupunktlinie abgebildet werden. Aus den Differenzen der Enthalpie des Ausgangs- und Endpunktes kann ermittelt werden, welche Wärmeenergie zugeführt bzw. abgeführt werden muss um den jeweiligen Endpunkt zu erreichen.
Wird der Luft Feuchtigkeit zugeführt oder entzogen, wird dies durch eine dementsprechende Linie parallel zur x- Achse dargestellt.

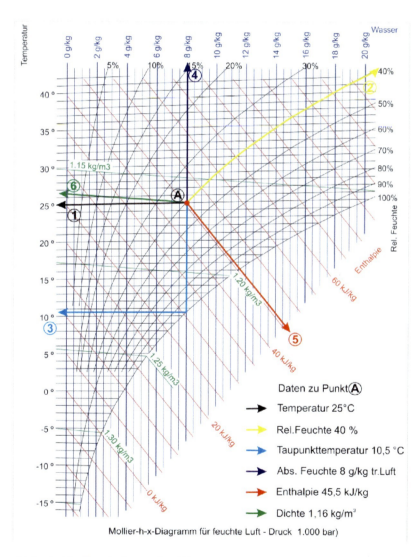

Abb. 2-13: Ermittlung der Werte von Punkt A im h,x-Diagramm

2.1.8. Taupunktproblematik

Ein Kubikmeter trockene Luft mit einer Temperatur von 20 °C ist in der Lage, 15 g Wasserdampf zu speichern (bezogen auf 1 bar Luftdruck). Ist diese Menge an Wasserdampf enthalten, spricht man von gesättigter Luft. Sie kann keine Feuchtigkeit mehr aufnehmen. Wird diese Luft auf eine Temperatur von 12 °C heruntergekühlt, so kommt es zur Taupunktunterschreitung, da ein Kubikmeter trockene Luft bei 12 °C maximal 9 g Wasserdampf enthalten kann. Das überschüssige Wasser wird als Kondensat frei und man spricht von „feuchter" Kühlung. Das anfallende Kondensat schlägt sich auf den kältesten Flächen nieder. In diesem Forschungsprojekt stellen die kältesten Flächen den Kühlkörper bzw. die Rohrleitungen dar. Dabei muss beobachtet werden in wie fern das Kondenstat Einfluss auf eventuelle Korrosion an der Oberfläche des Kühlkörpers oder den Rohrleitungen nimmt.

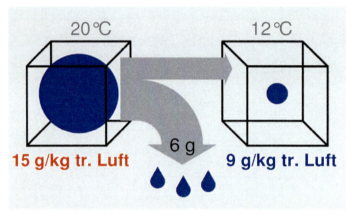

Kondensat (Tauwasser)

Abb. 2-14: Abkühlung von 1 m³ gesättigter Luft (Richtiges Lüften BMBau 87)

Im Gegensatz zur „feuchten" Kühlung beschreibt die „trockene" eine Abkühlphase, in der die Taupunkttemperatur nicht unterschritten wird. Im folgenden h,x- Diagramm sind diese beiden Phasen eingezeichnet.
Luft mit einer Temperatur von 30 °C und einer absoluten Feuchte von 14 g/kg trockene Luft (A) soll auf 19 °C mittels einer Kühlfläche abgekühlt werden. Ist die Temperatur der Kühlfläche oberhalb der Taupunkttemperatur von Punkt (A), so fällt kein Kondensat an. Die Energie die der Luft dazu entzogen werden muss ergibt sich aus der Enthalpiedifferenz aus (A) und (B).
Liegt die Temperatur der Kühlfläche unterhalb der Taupunkttemperatur (C), kommt es zur Kondensatbildung, wodurch eine Entfeuchtung stattfindet. Im Diagramm ist deutlich zu erkennen, dass die Energie, die abgeführt werden muss, um 19 °C zu erreichen, um die aus Differenz (B) und (D) höher ist als die der trockenen Kühlung. Die zusätzlich aufgebrachte Kühlleistung wird also zur Entfeuchtung der Luft benötigt.

In unserem Messaufbau werden die relative Luftfeuchtigkeit und die dazugehörige Lufttemperatur erfasst, und somit kann der Taupunkt rechnerisch ermittelt werden. Dadurch ist eine kontrollierte Annäherung an den Taupunkt durch schrittweises Verringern der Vorlauftemperatur möglich, so dass zunächst im Bereich der „trockenen" Kühlung gemessen werden kann.

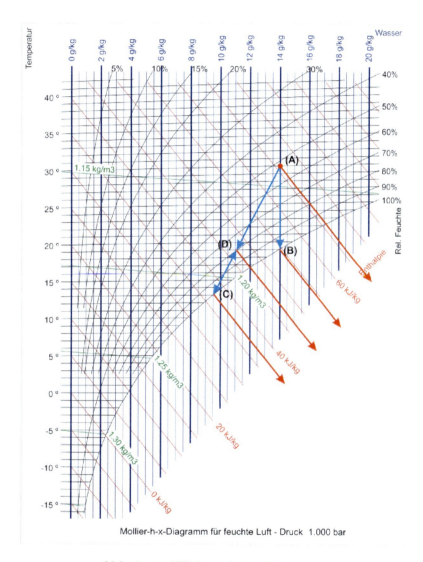

Abb. 2-15: Kühlung im h,x-Diagramm

2.1.9. Der Hygro- Thermograph

Bevor es die analoge und digitale Messtechnik gab, wurden Temperatur und Feuchte mittels mechanischer Hygro- Thermographen aufgezeichnet. Der Hygro- Thermograph ist ein einfaches Messgerät zur Erfassung von Temperatur und Feuchtigkeit, welches die temperaturabhängige Ausdehnung eines Bimetalls über einen Hebelarm an eine Schreibfeder überträgt. Über eine so genannte Haarharfe, die aus einem Metallgestell aufgebaut ist, in welches mehrere Haare oder Kunststofffasern eingespannt sind, wird ebenfalls über einen Hebelarm die relative Feuchte der Luft aufgezeichnet. Die Schreibfedern zeichnen die aktuellen Luftparameter auf einer rotierenden Trommel auf, die zuvor mit einem Papierstreifen bespannt wurde. Wahlweise kann die Rotation der Trommel durch eine Zahnradmechanik so eingestellt werden, das Tages-, Wochen- oder Monatsaufzeichnungen vorgenommen werden können.

Abb. 2-16: Hygro- Thermograph [10]

2.2. Grundlagen der Messtechnik

„Die Messtechnik ist heute ein disziplinübergreifendes Wissenschafts- und Technologiegebiet. Sie befasst sich (im engeren Sinne) beim Messvorgang mit der Erfassung und Darstellung von physikalischen Größen und der Zuordnung einer Messzahl."[5]

Demnach versteht man unter Messen, die Ermittlung des Wertes einer physikalischen Größe.

In der Messtechnik wird grundsätzlich zwischen zwei Arten unterschieden, zwischen der analogen und der digitalen. Der Unterschied zwischen beiden Messmethoden ist die Verarbeitung des Messsignals. Bei der analogen Messung wird der Messwert durch stufenlose Verarbeitung des Messsignals ermittelt, im Gegensatz dazu stellt das Signal in der Digitaltechnik eine Messgröße dar, die einer bestimmten Anzahl von Schritten unterteilter Abbildung entspricht. Die Einteilung in diese Schritte nennt man **Quantisierung**. Je kleiner diese Unterteilung ist, desto kleiner ist der Quantisierungsfehler des Messgerätes, desto höher ist die Anforderung an das Messgerät (höhere Stellenanzahl der Anzeige, damit die kleineren Quanten dargestellt werden können). [8]

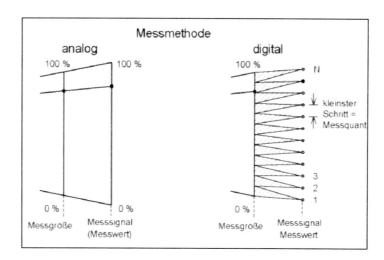

Abb. 2-17: Erläuterung der Definitionen der Messmethoden (wikipedia.de)

Die Vorteile der digitalen Messtechnik sind, neben der Schnelligkeit das Messsignal zu verarbeiten, die Unempfindlichkeit gegen elektrische, thermische und mechanische Einflüsse. Da die Anzeige des Messsignals in einer Zifferanzeige erfolgt, und nicht als Skalenwert wie in der Analogtechnik, können Ablesefehler praktisch ausgeschlossen werden. Digitale Signale können über größere Strecken übertragen werden und ermöglichen so eine Fernabfrage. Zur Weiterverarbeitung können digitale Signale über diverse Schnittstellen in PCs eingelesen werden.

2.2.1. DIN EN ISO 7726

Die deutsche Norm DIN EN ISO 7726: „Umgebungsklima – Instrumente zur Messung physikalischer Größen" beschreibt Methoden zur Messung der klimatechnischen Größen wie:

- Lufttemperatur
- mittlere Strahlungstemperatur
- Flächenstrahlungstemperatur
- absolute Luftfeuchte
- Luftgeschwindigkeit
- Oberflächentemperatur
- und der operativen Raumtemperatur.

Jede dieser Klimagrundgrößen beschreibt einen Teil des Umgebungsklimas und ist unabhängig von den anderen Größen. Diese Werte werden zur Beurteilung der Behaglichkeit herangezogen.

In dieser Norm sind ebenfalls die geforderten Messgenauigkeiten und Messbereiche von Messwertaufnehmer hinterlegt. Ein Beispiel der jeweiligen Anforderungen ist in Tabelle 2-2 zusammengefasst.

Klimagröße	Formelzeichen	Klasse C (Behaglichkeitsbedingungen)		
		Messbereich	Fehlergrenzen	Einstellzeit (90 %)
Lufttemperatur	t_a	10 °C bis 40 °C	Mindestwert: ± 0,5 °C Idealwert: ± 0,2 °C Diese Werte müssen mindestens für eine Differenz $\lvert t_r - t_a \rvert$ von 10 °C eingehalten werden.	So kurz wie möglich. Muss als Kennwert für das Instrument angegeben werden.
Mittlere Strahlungstemperatur	t_r	10 °C bis 40 °C	Mindestwert: ± 2 °C Idealwert: ± 0,2 °C In bestimmten Fällen sind mit den handelsüblichen Instrumenten diese Werte nur mit großen Schwierigkeiten oder sogar überhaupt nicht einzuhalten; im letzteren Fall ist die erreichte Messgenauigkeit anzugeben.	So kurz wie möglich. Muss als Kennwert für das Instrument angegeben werden.

Tabelle 2-2: Geforderte Fehlergrenzen und Messbereiche von Messwertaufnehmer (DIN EN ISO 7726)

2.2.2. Temperaturmessung

Wenn es darum geht, eine Temperatur messtechnisch zu erfassen, kann dies mit verschiedenen Temperaturfühlern erfolgen. In der Messwerterfassungsanlage, die im Rahmen dieser Arbeit geplant und aufgebaut wurde, erfolgt die Temperaturmessung mittels Thermoelementen.

Wird ein elektrischer Leiter in ein Umfeld gebracht, in dem ein Temperaturgradient herrscht, so wird auf Grund des Seebeck-Effekts[1] eine elektrische Spannung erzeugt, die **Thermospannung**. Die Höhe der Spannung ist abhängig von dem Material des Thermoelementes und dem Temperaturunterschied in dem sich die Enden des Leiters befinden. Sie liegt im Bereich µV bis mV. Die Spannung kann mit folgender Formel berechnet werden:

---

[1] Der Seebeck-Effekt beschreibt das Verhalten von Elektronen in einem elektrischen Leiter wenn sich dessen Enden in unterschiedlichen Temperaturen befinden. Die Elektronen im „heißen" Ende des Leiters besitzen eine höhere Bewegungsenergie als die im „kalten" Ende. Das bewirkt einen Elektronenüberschuss am „kalten" Leiterende.

$$U_{Seebeck} = \alpha \cdot (T_1 - T_2) \tag{2}$$

$$\Rightarrow U_{Seebeck} = \alpha \cdot \Delta T \tag{3}$$

mit:

α = Seebeck-Koeffizient
ΔT = Temperaturdifferenz zwischen den Leiterenden

Um diese Spannung messen zu können, wird ein weiterer Leiter, aus einem anderen Material benötigt. Zwei Enden der unterschiedlichen Leiter werden an der so genannten „heißen Verbindungsstelle" dauerhaft miteinander verbunden. Sie werden in der Regel verlötet oder verschweißt. In dem zweiten Leiter entsteht ebenfalls eine materialabhängige Spannung. Die Differenz dieser beiden Spannungen ergibt die im Leiterkreis entstandene Gesamtspannung, die an den beiden offenen Enden des Thermoelements mit geeigneten Messgeräten abgenommen werden kann. Diese Thermospannung beschreibt die im Leiterkreis entstandene Gesamtspannung. Berechnet wird sie aus der Differenz der jeweiligen materialabhängigen Seebeck-Koeffizienten multipliziert mit dem Temperaturunterschied der Leiterenden (Gleichung 4).

$$U_{th} = (\alpha_{Leiter_A} - \alpha_{Leiter_B}) \cdot \Delta T \tag{4}$$

Die unterschiedlichen Materialien werden so gewählt, dass eine hohe Differenzspannung entstehen kann. Solche Materialpaarungen sind in Tabelle 2-3 aufgeführt.

Thermopaar	Kurz Bezeichnung	Typ	Temperaturbereich in °C
Nickel/Chrom - Nickel/Alu	NiCr-Ni/Al	K	0 ..+1100
Kupfer - Konstantan	Cu-CuNi	T	-185 ...+300
Eisen - Konstantan	Fe-CuNi	J	+20 ...+700
Nickel/Chrom – Konstantan	NiCr-CuNi	E	0 ... +800
Platin/10%Rhodium - Platin	Pt10Rh - Pt	S	0 ... +1550
Platin/13%Rhodium - Platin	Pt13Rh - Pt	R	0 ... +1600

Tabelle 2-3: Materialpaarungen von Thermoelementen

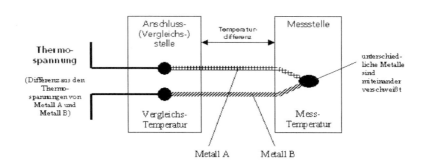

Abb. 2-18: Prinzip Thermoelement (wikipedia.de)

Aus der Spannung U_{th} kann dann über die Grundspannungstabelle die entsprechende Temperatur abgelesen werden. Der Temperaturwert, der der jeweiligen Spannung entspricht, gibt allerdings nur die Temperaturdifferenz zwischen der Messstelle und der Übergangsstelle an. Deshalb muss die Übergangsstellentemperatur bekannt sein. Die Übergangsstelle oder Vergleichsstelle ist der Punkt, an der die Thermoleitungen auf die Messleitungen übergehen. In dieser Messanlage wird diese Temperatur dauerhaft über einen integrierten NTC - Widerstand (Negative Temperature Coefficient[2]) gemessen und intern weiterverarbeitet. Wenn die Enden des Thermoelements an ein Messgerät angeschlossen werden, entstehen allerdings weitere parasitäre Thermospannungen auf Grund des Übergangs von der Thermoleitung zur Messleitung, die meist aus Kupfer ist. Durch die Messung der Übergangsstellentemperatur können die Thermospannungen an der Vergleichstelle bestimmt werden und zu der aus dem Thermoelement entstandenen Spannung addiert bzw. subtrahiert werden.

Thermoelemente können, abhängig von ihrer Materialbeschaffenheit, zur Temperaturmessungen von -273 bis zu 1800 °C eingesetzt werden. Wegen diesen großen Anwendungsbereichen sind hohe Messungenauigkeiten zugelassen. Die DIN/IEC 584-2 teilt die Fühler in zwei Toleranzklassen ein. So werden als Fehlergrenzen eines Thermoelementes vom Typ K in Klasse 1 ± 1,5°C oder ± 0,004 x |t| (es gilt jeweils der Größere Wert, wobei t die zu messenden Temperatur darstellt) und in Klasse 2 ± 2,5 °C oder ± 0,0075 x |t| angegeben. (vergleiche hierzu 3.2.2)

2.2.3. Messung der Luftfeuchtigkeit

Neben den Messmethoden des Haarhygrometers (Kap. 2.1.9), welches die Luftfeuchte durch die Längenausdehnung durch Feuchtigkeitsaufnahme von Haaren oder Kunstfasern bestimmt, gibt es noch weitere Verfahren die Luftfeuchtigkeit zu messen. Bei einem Psychrometer erfolgt die Bestimmung der

---

[2] Temperaturabhängiger Widerstand, mit steigender Temperatur sinkt sein elektrischer Widerstand

Feuchte durch das Erfassen der Lufttemperatur und der Verdunstungstemperatur. Anschließend kann über diese Temperaturdifferenz mittels Tabellen die relative Luftfeuchtigkeit bestimmt werden. Neben einigen anderen Messinstrumenten, ist die Messung der Luftfeuchtigkeit mittels eines kapazitiven Feuchtesensors sehr verbreitet. Da es sich bei diesem Fühler um einen der elektronischen Bauart handelt, ist er für die Datenerfassung mit rechnergesteuerten Anlagen gut geeignet.

Ein kapazitiver Feuchtesensor besteht aus einem Kondensator, dessen Kapazität gemessen wird. Der Kondensator besteht aus zwei elektrisch leitenden Platten, den Elektroden, die sich in einem geringen Abstand gegenüberstehen. Die Platten sind durch eine Schicht aus isolierendem Material getrennt, dem so genannten Dielektrikum.

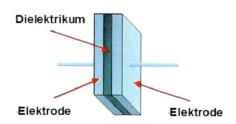

Abb. 2-19: Aufbau eines Kondensators (wikipedia.de)

Im Fall des kapazitiven Feuchtesensors besteht diese Isolationsschicht aus einem hygroskopischen Material, sprich es kann Feuchtigkeit aufnehmen. Diese Schicht kann zum Beispiel aus einer Polyamidfolie oder einer porösen Schicht Aluminiumoxid (Al_2O_3) bestehen. Die Kapazität des Kondensators hängt von der Permittivität[3] ab. Jedes Material besitzt eine bestimme relative Permittivität ε_r. Je größer die Permittivitätszahl ε_r ist, desto mehr Energie kann im Kondensator gespeichert werden. Da die Feuchtigkeitsaufnahme der hygroskopischen Schicht im Kondensator proportional zur Luftfeuchtigkeit steigt, ändert sich die Leitfähigkeit dieser Schicht. In Folge dessen verändert sich auch die Kapazität des Kondensators. Somit kann die relative Luftfeuchte proportional zum Messsignal bestimmt werden.

Zusätzlich ist in dem Feuchtesensor ein NTC-Temperaturfühler integriert, der die Temperatur der Raumluft misst. Aus den Messwerten der relativen Feuchte und der Temperatur kann rechnerisch die Taupunkttemperatur bestimmt werden.

Abb. 2-20: Kondensator des kapazitiven Feuchtefühlers

---

[3] Gibt die dielektrische Leitfähigkeit eines Materials gegenüber elektrischen Feldern an.

2.2.4. Luftgeschwindigkeit

Damit der Wärmeübertrag durch Konvektion und Verdunstung einer Person bestimmt werden kann, ist die Luftgeschwindigkeit der Person umgebenden Luft zu erfassen. Wie auch bei der Lufttemperatur empfindet jede Person den Einfluss von Luftgeschwindigkeit unterschiedlich. Da die Raumluft nach der Abkühlung zu Boden sinkt, kann es zu einem Kaltluftabfall und damit zu Zuglufterscheinungen im sehr empfindlichen Bereich der Knöchelpartie kommen. Um diese Erscheinungen messen zu können, kommen Luftgeschwindigkeitssensoren zum Einsatz.

Ein Thermoanemometer ist ein Luftgeschwindigkeitsmesser, der besonders bei geringen Geschwindigkeiten angewendet wird. In einem Hitzdrahtanemometer wird ein dünner Platindraht durch einen Strom auf eine bestimmte Temperatur aufgeheizt. Wird dieser Hitzdraht in ein Strömungsfeld gebracht, kühlt er durch Konvektion ab. Eine Regelelektronik im Anemometer regelt die Stromzufuhr, sodass die Temperatur des Drahtes konstant gehalten wird. Die Höhe des geregelten Stromes lässt auf die Luftgeschwindigkeit schließen.

2.2.5. Strahlungstemperatur

Um die Strahlungstemperaturen der umliegenden Flächen zu erfassen wird ein Globethermometer benutzt. Das Thermometer ist aus einer Hohlkugel aufgebaut, in deren Inneren ein temperaturabhängiger Widerstand angeordnet ist. In Abhängigkeit der Lufttemperatur, der Luftgeschwindigkeit und der Wärmestrahlung stellt sich das Thermometer nach einer gewissen Einstellzeit auf eine Temperatur, die Globetemperatur, ein. Mit den Messwerten der Lufttemperatur und der Globetemperatur lässt sich mit folgender Formel (5) annähernd die mittlere Strahlungstemperatur berechnen:

$$t_r = \sqrt[4]{(t_g + 273)^4 + 0,4 \cdot 10^8 \cdot \sqrt[4]{|t_g - t_a|} \cdot (t_g - t_a)} - 273 \quad (5)$$

mit:

t_r = mittlere Strahlungstemperatur

t_g = Temperatur des Globethermometers

t_a = Lufttemperatur

2.2.6. Wetterdaten

Die klimatechnischen Daten der Außenluft beschreiben die wesentlichen Randbedingungen bei den Messungen von Raumklimata. Zur Bewertung der Daten können spezielle Wetterstationen eingesetzt werden. (siehe 3.2.1. Wetterstation.)

2.2.7. Erfassungsanlagen/ Auswertungssoftware

Alle unter den Punkten 2.2.2 bis 2.2.6 beschreiben Messsysteme sollen in einem zentralen Punkt zusammenlaufen, um sie von dort aus ablesen, weiterverarbeiten und speichern zu können. Eine Möglichkeit, dies zu realisieren ist eine rechnergestützte Messdatenerfassungsanlage. Unterschieden wird dabei zwischen einer zentralen und einer dezentralen Platzierung dieser Anlagen.
Ein zentrales System erfordert einen hohen Aufwand an Installation, da jede einzelne Messleitung zur Messanlage geführt werden muss. Zwar gibt es auch Funk basierende Systeme, die aber bei gewissen baulichen Gegebenheiten, wie zum Beispiel dicken Stahlbetondecken, eine Übermittlung der Daten zur Zentrale kaum möglich macht.
In einem dezentralen Messsystem werden die Messsensoren vor Ort in mehrere, dafür kleinere Erfassungsgeräte geführt, wobei lange Kabelwege der Sensorleitungen ausgeschlossen werden können. Alle Geräte können dann mittels einer Datenleitung miteinander vernetzt werden und über diese in den PC eingelesen werden.

Über eine spezielle Software werden die einzelnen Fühler parametriert und die in die Vernetzung eingebundenen Messgeräte gesteuert und bedient. Die erfassten Messwerte können als Zahlenwerte, als Diagramme oder in Tabellenform übersichtlich dargestellt werden. Neben der Möglichkeit der mathematischen Verarbeitung der Werte und der Exportierung in gängige Bearbeitungsprogramme ist eine Befehlsausgabe wie Alarmmeldungen und Steuerung externer Geräte möglich.

2.2.8. Volumenstrommessung

Eine Möglichkeit, den Volumenstrom im Inneren eines Rohres bestimmen zu können, ist das Ultraschallverfahren. Das Messgerät benutzt Ultraschall, um mit Hilfe des Laufzeitverfahrens den Durchfluss eines flüssigen Mediums durch eine Rohrleitung zu messen. Ultraschallsignale werden von einem Sensor ausgesandt, der auf der Rohrleitung installiert ist, auf der gegenüberliegenden Seite des Rohres reflektiert und schließlich von einem zweiten Sensor wieder empfangen. Die Signale werden abwechselnd in Strömungsrichtung und ihr entgegengesetzt gesendet. [9]

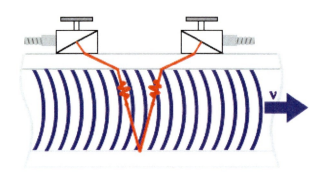

Abb. 2-21: Weg des Ultraschall-Signal durch das Medium [9]

Da das Medium, in dem sich der Ultraschall ausbreitet, fließt, ist die Laufzeit der Schallsignale, die das Medium in Flussrichtung durchlaufen, kürzer als die Laufzeit der Signale, die es entgegen der Flussrichtung durchlaufen. Der Laufzeitunterschied Δt wird gemessen und erlaubt die Bestimmung der mittleren Strömungsgeschwindigkeit auf dem vom Schall durchlaufenen Pfad.[9]

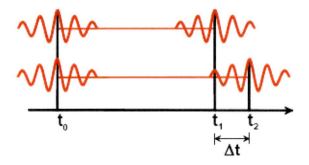

Abb. 2-22: Laufzeitunterschied Δt [9]

3. Das Forschungsprojekt

Aufgrund des immer größer werdenden allgemeinen Interesses an Ökologie und Nachhaltigkeit und der wachsenden Nachfrage am Bauen im Bestand wurde Herr Prof. Rogall von der Fachhochschule Dortmund, Fachbereich Architektur beauftragt, das Forschungsprojekt: **„Untersuchung vorhandener Heizflächen wie Radiatoren, Konvektoren und Plattenheizkörpern auf ihre Verwendbarkeit zur sommerlichen Kühlung im Wohnungsbau"** durchzuführen. Dies wurde im eigenen Institutsgebäude realisiert.

Dabei geht es um die Klärung der Frage inwieweit im Raum installierte Heizkörper als Kühlkörper zur Kühlung des Raumes eingesetzt werden können. Hierzu wurde die Heizungsanlage dieses Gebäudes so umgerüstet, dass gekühltes Wasser durch die Heizkörper von zwei ausgewählten Räumen eines Geschosses geleitet werden konnte.

Abb. 3-1: Ost-Ansicht des FH Gebäudes

Abb. 3-2: West-Ansicht des FH Gebäudes

Abb. 3-3: Nord/Ost-Ansicht mit Versuchsräumen

Abb. 3-4: Nord-Ansicht mit Versuchsräumen

3.1. Räumlichkeiten und Beschreibung des Kühlkreises

3.1.1. Örtlichkeit

Das Gebäude der Fachhochschule Dortmund des Fachbereichs Architektur steht auf dem Campus Nord der Universität Dortmund als freistehendes Gebäude. Es besteht aus einer zweihüftigen, anthrazit verklinkerten Gebäudescheibe mit Mittelgang. Das viergeschossige Gebäude ist 93,5 m lang und 15,3 m breit und ist mit der schmalen Seite Nord/Süd orientiert.

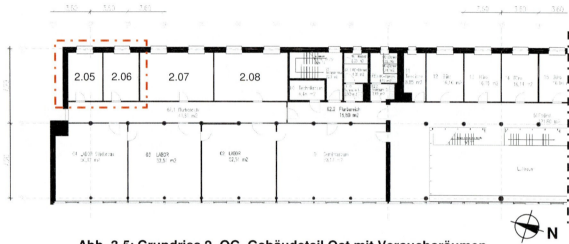

Abb. 3-5: Grundriss 2. OG, Gebäudeteil Ost mit Versuchsräumen

Im Ostflügel, in dem sich auch die Versuchsräume befinden, liegt das Baustofflabor 1,65 m tiefer als das restliche Gebäude.

Abb. 3-6: Längsschnitt Gebäudeteil Ost mit Versuchsräumen und Strangschema

Seine Längsseite steht quer zu einer Frischluftschneise die vom Dortmunder Westen nach Osten verläuft. Das Campusgebäude hat im Osten eine Lochfassade, nach Westen eine Stahl-Glas-Fassade. In der Mitte der Glasfassade befindet sich der Haupteingang mit einer großen Eingangshalle über alle Geschosse. In der zentralen Eingangshalle befinden sich Galerien, von denen aus der Ost- und Westflügel sowie die zur Halle orientierten Professorenbüros erreichbar sind. Eine repräsentative Treppe führt dort vom Erdgeschoss bis ins dritte Obergeschoss. In den beiden Gebäudeflügeln befindet sich jeweils ein Fluchttreppenhaus.

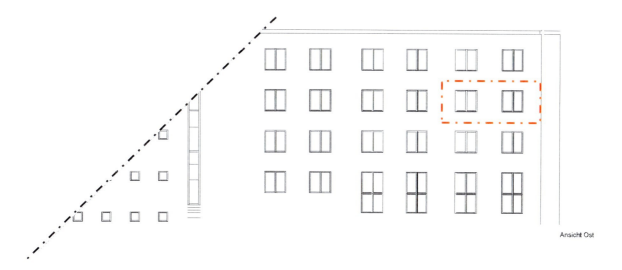

Abb. 3-7: Ost-Ansicht Gebäudeteil Ost mit Versuchsräumen

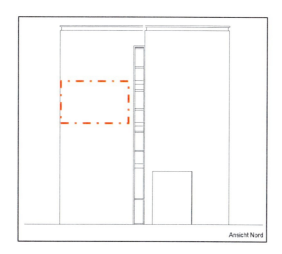

Abb. 3-8: Nord-Ansicht Gebäudeteil Ost mit Versuchsräumen

Die für das Forschungsprojekt ausgewählten Versuchsräume liegen in der zweiten Etage auf der Ostseite des Gebäudes. Der Außenwandaufbau der Ost-, Nord- und Südseite besteht aus einem zweischaligen Mauerwerk mit einer 30 cm KSV Wand und einer 11 cm hinterlüfteten Klinkerschale vor einer 12,5 cm dicken Mineralwoll-Dämmung. Die in weiß gestrichenen Trennwände der Räume, wie auch die Wand zum Flur sind überwiegend in Gipskarton- Leichtbauweise mit innen liegender Schalldämmung errichtet. Die Decken des Gebäudes bestehen aus Sichtbeton mit einem aufliegenden schwimmenden Estrich.

Da das Gebäude eine Ost/West Orientierung hat, heizt es sich über die Fenster der Ostfassade morgens und nachmittags über die Glasfassade im Westen im Sommer sehr stark auf. Aus diesem Grund eignet sich das Gebäude mit seiner Zentralheizung für Versuche zu sommerlichen Kühlung. An heißen Sommertagen mit sog. Tropennächten (die Außentemperatur sinkt nicht unter 20 °C) wurden schon Temperaturen um die 30 °C gemessen. In dem Forschungsvorhaben Heizen und Kühlen, soll über Heizflächen einzelne Büros gekühlt werden. Konkrete Messungen finden zunächst in den Räumen 2.05 und 2.06 statt. Hierbei handelt es sich um einen Standard Büroraum mit den Abmessungen 3,43 x 4,64 x 3,02 m. Die Decke ist nicht abgehängt, sie besteht aus Sichtbeton gestrichen. Die Außenwände sind verputzt, der Boden ist mit einem dünnen PVC-Belag beklebt. Die zum Flur orientierten Wände bestehen aus Metallständerwerk und sind mit Rigips in F90 Ausführung beidseitig beplankt. Die Bürotüren sind aus Holz (F30) rauchdicht in Stahlzargen eingebaut. Die Fenster sind ebenfalls aus Holz, von außen mit Aluminium verkleidet und haben eine Sonnenschutzverglasung mit außen liegendem Sonnenschutz aus Aluminiumlamellen, elektrisch angetrieben.

3.1.2. Die vorhandene Heizungsanlage

Das Gebäude des Fachbereichs Architektur verfügt über einen Fernwärmeanschluss um den benötigten Heizwärmebedarf zu decken. Der Übergabepunkt der Wärme befindet sich im Heizungsraum, im Kellergeschoss des Hochschulgebäudes. Über einen Wärmetauscher wird die gelieferte Wärme in das interne Heizungsnetz übergeben. Da die geförderte Wassermenge im Heizkreis größer ist als die des Erzeugerkreises, kann es zu Unterversorgungen von einzelnen Verbrauchern kommen. Um dies zu verhindern, sind der Verbraucherkreis und der Erzeugerkreis durch eine folgende Weiche hydraulisch getrennt. Die hydraulische Weiche ist ein Behältnis, mit dem mehrere Kreisläufe unterschiedlicher Volumenströme miteinander verbunden werden (s. Abb. 3-9). So kann jeder Kreis die benötigte Menge Wasser fördern ohne dass Druckdifferenzen entstehen. Ist der Volumenstrom des Verbraucherkreises größer wie der des Erzeugerkreises, so wird diese Differenz durch eine Kurzschlussströmung zwischen Vor- und Rücklauf ausgeglichen.

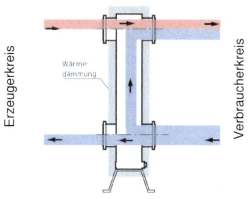

Abb. 3-9: Hydraulische Weiche, Volumenstrom im Verbraucherkreis ist höher als im Erzeugerkreis (Vaillant)

Das warme Heizungswasser wird anschließend auf acht Heizkreise im Gebäude verteilt. Jeder dieser acht Heizstränge wird durch eine Pumpe im Vorlauf betrieben und ist bei Bedarf durch Absperrventile einzeln vom System trennbar. Die Verteilleitungen verlaufen vom Heizungsraum aus an der Decke des Kellergeschosses zu den jeweiligen Steigepunkten. Über die Steigeleitungen wird das Wasser bis in das 3. Obergeschoss geführt. Waagerecht verlaufende Anbindeleitungen verbinden die Steigeleitungen mit den Heizkörpern in den einzelnen Etagen. Durch Absperrorgane ist jede Etage separat vom Heizstrang trennbar (s. Abb. 3-10).

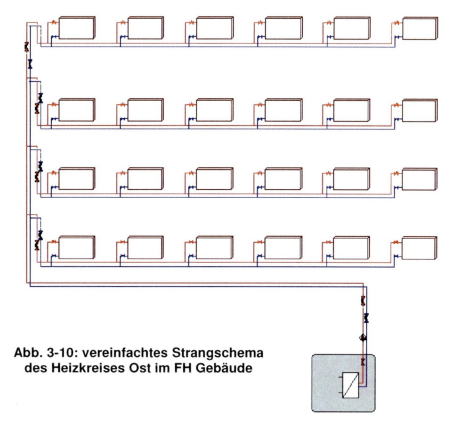

Abb. 3-10: vereinfachtes Strangschema des Heizkreises Ost im FH Gebäude

3.1.3. Die vorhandenen Heizflächen

Die vorhandenen Heizflächen sind Plattenheizkörper der Firma Vogel & Noot (s. Abb. 3-11). Sie bestehen aus 6 untereinander angeordneten, wassergeführten Rechteckstahlrohren mit den Maßen 70 x 11 x 1,5 und einer Länge von 1400 mm. Zwischen diesen befindet sich ein Spalt von 2 mm. Die einzelnen Rohre sind an den Enden über senkrecht geführte Hohlprofile mit einander verbunden. Rückseitig aufgeschweißte Lamellen (s. Abb.3-12) zur Oberflächenvergrößerung ermöglichen eine zusätzliche Wärmeabgabe durch Konvektion in den Raum. Gemäß der DIN EN 442 gibt der Hersteller des Heizkörpers unter den Normbedingungen 75/65/20 °C (75°C Vorlauftemperatur, 65°C Rücklauftemperatur und 20°C Raumtemperatur) eine erreichbare Heizleistung von 1065 W an. Im Vorlauf montierte Thermostatventile regeln im Heizfall den Durchfluss zum Heizkörper selbstständig. Am Thermostatkopf kann die gewünschte Raumtemperatur vorgewählt werden. Beim erreichen dieser Temperatur schließt das Ventil und öffnet erst wieder wenn der eingestellte Wert unterschritten wird.

Abb. 3-11: Heizkörper vor dem Umbau

Abb. 3-12: rückseitige Lamellen am Heizkörper

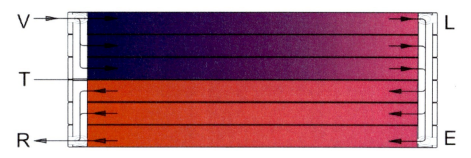

Abb. 3-13: Prinzipskizze Heizkörper (V=Vorlauf, R=Rücklauf, T=Trennung des Senkrechtrohres, L=Entlüftung und E=Entleerung)

3.1.4. Heizkörperproblem

Nach Beendigung und Auswertung der ersten Messphasen im Sommer 2008 wurde im Raum 2.05 festgestellt, dass die Heizfläche nicht die zu erwartende, optimale Oberflächentemperatur aufwies. Daraufhin wurden Untersuchungen mit einer Infrarotkamera durchgeführt.
Die Abbildung 3-13 zeigt das optimale kühltechnische Strömungsprinzip der Heizkörper wie sie in allen Räumen der Fachhochschule installiert sind. Für den Heizfall entspricht das Strömungsbild genau der Strömungsskizze dieser Abbildung. Der Vorlauf beschickt die ersten drei Lamellen parallel von links nach rechts und führt über die unteren drei Lamellen das Wasser von rechts wieder nach links zum Rücklauf zurück. Die farbliche Darstellung (rot = heiß, blau = kalt) stellt sich im Kühlbetrieb umgekehrt dar. Im Gegensatz dazu kann man in der Thermografie in Abb. 3-15 erkennen, dass die Wärmeverteilung im Heizkörper in allen sechs Lamellen von links nach rechts verläuft. Das Problem bestand darin, dass bei der Neuerrichtung des Fachhochschulgebäudes im Raum 2.05 ein falscher Heizkörper montiert wurde. Die Heizung, die für einen einseitig rechten Anschluss vorgesehen war, ist von links eingespeist worden. In dieser Situation wird die Heizfläche nicht optimal mit Wärme durchströmt, was auf der Infrarotaufnahme in Abbildung 3-15 ersichtlich ist. Es kommt zu Kurzschlussströmungen zwischen dem Vor- und Rücklauf.
Da die Lieferung eines neuen Heizkörpers mehrere Wochen betrug, mussten die Anschlüsse des Heizkörpers mit geeigneten flexiblen Schläuchen getauscht werden um dennoch verlässliche Messdaten zu erhalten. So wurden am 29.04.09 die Anschlüsse verlängert und der Heizkörper konnte wie alle anderen Heizkörper ebenfalls von der rechten Seite mit Wasser versorgt werden und sein Strömungsbild entsprach jetzt allen Anderen. Aus diesem Grund mussten einige Messphasen in neuen Versuchen wiederholt werden. Am 02.06.2009 wurde der Heizkörper ausgetauscht, so dass die Heizanlage nunmehr fehlerfrei war.

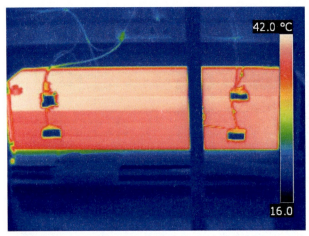
Abb. 3-14: Infrarotbild Heizkörper R. 2.08
Optimale Durchströmung

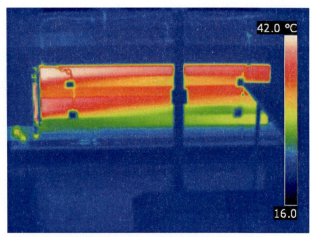
Abb. 3-15: Infrarotbild Heizkörper R. 2.05
fehlerhafter Anschluss, Todzone unten rechts

3.1.5. Umbau der Heizungsanlage

Damit gekühltes Wasser in die Heizkörper geleitet werden konnte, musste ein Anschluss an das im Haus vorhandene Fernkältenetz geschaffen werden. Es musste beachtet werden, dass keinerlei Verschmutzungen in den Kreislauf des Fernkälteanschlusses gelangen durften. Um dies zu bewerkstelligen, erfolgte der Einbau eines Wärmetauschers. Somit konnte die Systemtrennung des Heizungskreislaufes und dem der Fernkälte gewährleistet werden.

Eine primärseitig eingesetzte Pumpe beförderte die Kälte durch den Tauscher. Auf der Sekundärseite erfolgte ebenfalls der Einbau einer Pumpe, um die gestellte Kälte durch den Heizungskreislauf zu befördern. Die Temperatur im Vorlauf unmittelbar nach dem Wärmetauscher betrug 12 °C.

Abb. 3-16: eingesetzter
Wärmetauscher (VAU Werzeugbau)

Um die Vorlauftemperatur variabel verändern zu können, wurde zwischen Vor- und Rücklauf eine Bypassleitung vorgesehen. So konnte bei Bedarf über ein Mischerventil wärmeres Wasser aus dem Rücklauf in den Vorlauf geleitet werden. Durch einen Temperaturfühler im Vorlauf wurde die Temperatur stetig abgefragt und mit dem in einer Regelung eingestellten Wert verglichen. Eine Regelelektronik steuert den Motor des Mischerventils um die eingestellte Tempratur konstant zu halten.
Damit die Einspeisung des gekühlten Wassers in das Rohrsystem ermöglicht werden konnte, wurden die vorhandenen Leitungen aufgetrennt und an dieser

Stelle T- Stücke installiert. In Abb. 8-3 im Anhang sind die installierten T-Stücke durch einen Kreis gekennzeichnet. In den zusätzlichen Anschluss konnte so das Kühlwasser eingeleitet werden. Durch Öffnen bzw. Schließen vorgeschalteter Absperrventile kann eine einfache Umschaltung zwischen Heiz- und Kühlbetrieb realisiert werden. Alle nicht in das Projekt einbezogenen Heizkörper wurden durch Absperrventile vom Kreislauf getrennt. In der folgenden Abbildung ist die zusätzlich eingebrachte Kaltwasserversorgung durch den gelb unterlegten Wärmetauscher symbolisiert. Die grau unterlegten Heizkörper wurden für die Forschungsversuche ausgewählt.

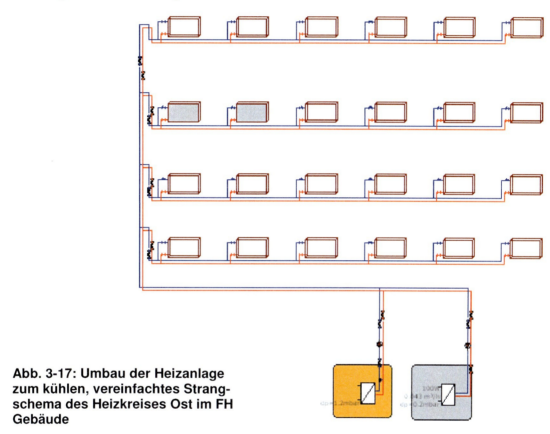

Abb. 3-17: Umbau der Heizanlage zum kühlen, vereinfachtes Strangschema des Heizkreises Ost im FH Gebäude

3.1.6. Umbau der Heizkörper zu Kühlkörpern

Im Rahmen der Umbaumaßnahme mussten auch die an den Heizkörpern montierten Thermostatventile gegen Handventile ausgetauscht werden. Da die Raumtemperaturen im Sommer deutlich ansteigen und stets oberhalb der maximalen Einstellung des Thermostates liegen, würde das Ventil des Thermostates stets geschlossen bleiben. Bei Umstellung einer Heizanlage auf Kühlung müssen spezielle Regler eingebaut werden, die die Ventile öffnen, wenn die maximal eingestellte Temperatur überschritten wird. Auch die Kombination mit Taupunktwächtern zur Vermeidung von Kondensat an wird empfohlen.

3.1.7. Leitungsnetz

Das Kühlmedium, welches in diesem Versuchsaufbau Wasser ist, wird über die vorhandenen Rohrleitungssysteme zu den zur Kühlung umfunktionierten Heizkörpern transportiert. Hinter den Pumpen des Heiz- und Kühlkreises sind jeweils in den Vorlauf und in den Rücklauf Absperrventile montiert worden, mit denen eine einfache Umschaltung zwischen Heiz- und Kühlbetrieb möglich ist. Die örtlich montierten Stahlrohre in den verschiedenen Teilen des Netzes haben unterschiedliche Durchmesser von DN 25 bis DN 15. Alle Verteilleitungen im Heizungsraum und Kellergeschoss sowie die Steigeleitungen sind mit 30 mm Mineralwolle gedämmt und vor mechanischer Beschädigung mit einem Aluminiummantel geschützt. Alle Rohrleitungen sind Aufputz verlegt, d.h. sie treten nur bei Decken- und Wanddurchbrüchen mit dem Mauerwerk bzw. mit der Geschossdecke in Kontakt. Auf Grund des zu erwartenden Kondensatanfalls an den Rohrleitungen muss bei den Kühlversuchen besonders auf Taupunktunterschreitungen innerhalb der Wand- und Deckendurchführungen geachtet werden, um keine Feuchteschäden hervorzurufen. Nach den ersten Messreihen wurde an allen Anbindungsleitungen eine spezielle kältetechnische Isolierung aus einem diffusionsdichten Schaumstoff angebracht und dementsprechend verklebt um Kondensat zu vermeiden (s. Abb.3-18). Die waagerechten Anbindeleitungen sind zum Schutz gegen Korrosion und aus optischen Gründen mit weißem Heizkörperlack überzogen. Jedoch fiel bei genauerer Betrachtung auf, dass der Farbanstrich nur im sichtbaren Bereich aufgetragen wurde und somit eine erhöhte Gefahr von Korrosion besteht, wenn sich Tauwasser auf den Rohren niederschlägt (s. Abb. 8-7 im Anhang).

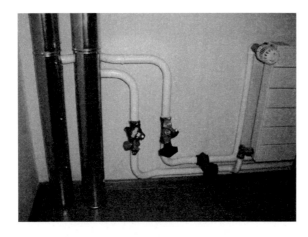 

Abb. 3-18: Rohrleitung links ohne und rechts mit kältetechnischer Isolierung

3.2. Der Messaufbau im Forschungsprojekt

Im Vorfeld des Forschungsprojektes wurde recherchiert, welche klimatischen Raumgrößen messtechnisch erfasst werden müssen, um die Zustände der Versuchsräume im Kühlfall darstellen zu können. Alle Messstellen sind anschließend in Messstellenlisten aufgeführt worden. Neben der spezifischen Nummerierung der Messstellen wurde ein Messstellenplan entwickelt, in den die Messpunkte übertragen wurden um einen schnellen grafischen Überblick zu ermöglichen. Die Messstellenpläne der Räume 2.05 und 2.06 folgen im Anhang.

3.2.1. Projektbezogener Messaufbau

In jedem der beiden Versuchsräume ist eine Messdatenerfassungsanlage aufgestellt worden. Die Erfassungsanlagen bestehen aus Geräten, die mit bis zu 6 Einsteckkarten aufgerüstet werden können. Pro Einsteckkarte können 10 Sensoren ausgewertet werden. Alle Anlagen werden miteinander vernetzt und an einem Punkt mit einem PC verbunden, der die Messwerte automatisch speichert und durch eine Messanlagen gebundene Software ablesbar macht.
Um im Kühlfall die Reaktion des Raumes zu untersuchen wird in einer Art Raster ein Messaufbau installiert. Dieser besteht aus:

- Raumtemperaturfühlern (Abb.3-19)
- Oberflächentemperaturfühlern (Abb.3-19)
- Fühler für die relative Luftfeuchte (Abb.3-20)

Abb. 3-19: Thermoelement

Abb. 3-20: kapazitiver Feuchtefühler mit Schutzkappe gegen Verschmutzungen [12]

- Oberflächentemperaturfühler auf dem Kühlkörper sowie an den jeweiligen Vor- und Rückläufen
- Temperaturfühler zur Erfassung der Sonneneinstrahlungszeiten
- einem Luftgeschwindigkeitssensor (Abb. 3-21)
- Öffnungs- und Schließsensoren an Türen und Fenstern
- Globethermometer (Abb. 3-23)
- einer Wetterstation (Abb. 3-24)
- und einem Globalstrahlungssensor. (Abb. 3-25)

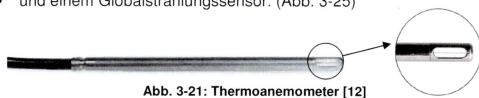
Abb. 3-21: Thermoanemometer [12]

Zum Befestigen der Raumtemperaturfühler wurden in den zu messenden Räumen jeweils zwei Holzsäulen parallel zur Mittelachse des Fensters zwischen Fußboden und Decke verkeilt. Die erste Säule (Standort A) wurde in einem Abstand von 1 m zum Kühlkörper errichtet, die zweite im Abstand von 3,0 m (Standort B). Der in der DIN 1946 Teil 2 beschriebene Aufenthaltsbereich wurde berücksichtigt. So wurden die Abstände 1 m zur Außenwand und 0,5 m zu Innenwänden nicht unterschritten. Die Thermoelemente zur Raumtemperaturmessung sind in den Höhen 0,1 m, 0,6 m, 1,1 m und 1,7 m befestigt worden. Diese Höhen entsprechen den in der DIN EN ISO 7726 gegebenen Messhöhen zur Ermittlung der Temperaturen in:

- Knöchelhöhe
- Unterleibshöhe sitzend
- Unterleibshöhe stehend bzw. Kopfhöhe sitzend
- und Kopfhöhe stehend

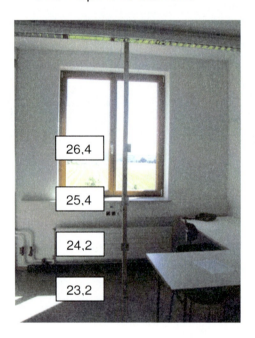
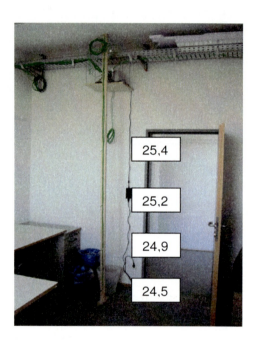

Abb. 3-22: Messraum 2.05 mit Messsäulen Standort A (links) und B (rechts) und Temperaturwerte in den unterschiedlichen Messhöhen, Ansicht von der Tür in den Raum hinein (links) Ansicht vom Fenster in den Raum hinein (rechts).

Die Messleitungen wurden an den Messsäulen zur Decke geführt und von dort aus gebündelt in Sammelhaltern zur Messwerterfassungsanlage verlegt. Um Messfehler durch elektromagnetische Einflüsse von Energiekabeln auf die Messleitungen zu verhindern, wurde eine Verlegung der Leitungen auf den in den Räumen vorhandenen Kabeltrassen vermieden. Alternativ wurden weitere Sammelhalter auf Abstand zu Strom führenden Leitungen montiert um eine weitere Verlegung der Sensorleitungen zu ermöglichen.

Ebenso wie die **Raumtemperaturen** werden die **Oberflächentemperaturen** auch mittels **Thermoelementen** des Typs K gemessen (Abb. 3-19). An allen umliegenden Oberflächen wie Wände, Decke und Fußboden wurden die Messspitzen mittels eines Klebestreifens fixiert. Um den Einfluss der Einstrahlung minimieren zu können wurden die Messstellen mittels eines Schutzes aus Aluminiumfolie abgeschirmt. Um die Wärmeleitfähigkeit zwischen der Oberfläche und des Fühlers zu erhöhen, ist die Messspitze in Wärmeleitpaste eingebettet worden. Die Oberflächentemperaturfühler sind auf den Wänden so angeordnet worden, dass eine mögliche Auskühlung dieser in Knöchel- und in Kopfhöhe aufgezeichnet werden kann.

Die in diesem Projekt auftretenden **Luftgeschwindigkeiten,** die Unbehaglichkeit auslösen könnten, entstehen durch eine umgekehrte Konvektion. Anders als bei einem Heizkörper, an dem sich die vorbeiströmende Luft erwärmt und dann an die Raumdecke steigt, wird die warme Luft im Kühlfall durch den Kühlkörper abgekühlt und fällt somit in Richtung Fußboden. Damit ist die Gefahr hoch, dass die erkaltete Luft als Zuglufterscheinung in Höhe des Knöchels in Erscheinung tritt. Um diese Zugluft beschreiben zu können, wurde ein **Thermoanemometer** in einer Höhe von 0,1 m mit einem Abstand von einem Meter zum Kühlkörper installiert.

Ein **Globethermometer** misst die **Strahlungstemperaturen** der umliegenden Flächen eines Raumes. Unter der Strahlungseinwirkung der Wärmequellen und durch Konvektion im Raum erreicht die Kugel ein thermisches Gleichgewicht. Die gemessenen Globetemperatur beschreibt die von dem Menschen empfundene Temperatur. Dieser Sensor wurde in der Mitte des Raumes, im diagonalen Kreuzungspunkt der Raumecken, in Kopfhöhe installiert. Auf Grund speziell für dieses Projekt geforderten Kabellängen dieses Sensors kam es zu Lieferverzögerungen. Aus diesem Grund konnte erst in den Messphasen im Jahr 2009 mit der Aufzeichnung dieser Daten begonnen werden.

Abb. 3-23: Globethermometer [12]

Die Jalousien der nach Osten gerichteten Fensterfronten werden im Sommer durch eine Automatiksteuerung vor Sonnenaufgang herunter gefahren um eine Aufheizung der Räume zu verhindern. Damit der Einfluss der Kühlkörper auf die Raumtemperaturen unter realen Bedingungen erforscht werden kann, wurde diese Automatiksteuerung deaktiviert. Eine Betätigung der Verschattung ist somit nur von einem Handtaster im Raum möglich. Es können nur noch die Positionen „Jalousie oben" und „Jalousie unten" angefahren werden, um exakt die Sonneneinstrahlung bestimmen zu können. Über einen Temperaturfühler an der Innenseite der Fensterscheiben wird die Position der Jalousie festgestellt.

Die für dieses Forschungsprojekt relevanten Wetterdaten wurden mittels einer **Wetterstation** aufgezeichnet. Die Station erfasst die Daten:

- Lufttemperatur
- rel. Luftfeuchte
- Luftdruck
- Windgeschwindigkeit sowie deren Richtung
- Regenmenge
- und die Regenintensität.

Abb. 3-24: Wetterstation [12]

Der Multi-Meteogeber (Wetterstation) ist auf dem Dach des Fachhochschulgebäudes montiert worden, und wurde ebenso wie ein auf dem Dach installierter Globalstrahlungssensor in die Messdatenerfassungsanlage integriert. Der **Globalstrahlungssensor** misst die auf die Erde treffende Strahlung in einem Spektralbereich von 400 nm bis 1100 nm. Mit diesen Werten sollten die äußeren Wärmelasten abgeschätzt werden. Wie schon beim o. g. Globethermometer kam es auch beim Globalstrahlungssensor zu Lieferschwierigkeiten und so konnte aus demselben Grund erst später mit den Aufzeichnungen von Messdaten begonnen werden.

Abb. 3-25: Globalstrahlungssensor [12]

Öffnungs- und Schließzeiten der Fenster und Türen der Versuchsräume werden über so genannte Reedkontakte festgestellt, um eventuelle schnelle Temperaturschwankungen rechtfertigen zu können. **Reedkontakte** sind zwei Kontakte, die in einem Glasröhrchen eingelassen sind und auf magnetische Felder reagieren. Werden die Kontakte in ein magnetisches Feld gebracht, schließen bzw. öffnen sich die Kontakte. Im Fall des Fensterkontaktes wird das magnetische Feld mittels eines Dauermagneten erzeugt.

Damit die erreichte Kühlleistung bestimmt werden kann, ist es erforderlich, neben den Vorlauf- und Rücklauftemperaturen des Kühlkörpers auch dessen **Volumenstrom** im Vorlauf zu bestimmen. Gelöst wurde dies, indem ein mobiles Messgerät zur Strömungsgeschwindigkeitsbestimmung eingesetzt wurde. Das Gerät hat den Vorteil, dass es sowohl mobil als auch stationär betrieben werden kann und die Messwerte selbstständig speichert. Das Wesentliche ist aber, dass beim Einsatz des Messgerätes nicht in das Rohrsystem eingegriffen werden muss. Es werden, wie in Abbildung 2-21 erklärt ist, zwei Sensoren von außen an die betreffende Rohrleitung angelegt (s. auch Abb. 8-11).

Um entstehendes **Kondensat** messen zu können, wurden speziell angefertigte Auffangwannen unter den Kühlkörpern platziert. Die Kondensatwannen sind so gefertigt, dass auftretendes Kondensat bis zu etwa 8 Litern aufgefangen werden kann. Weiterhin ist in jede Kondensatwanne ein Ablaufstutzen integriert, wodurch das Tauwasser abgelassen werden kann, um evtl. Untersuchungen durchführen zu können.

3.2.2. Fehleranalyse

Auf Grund der großen Stückzahlen der Raum- und Oberflächentemperatursensoren wurde der Einsatz von Thermoelementfühlern bevorzugt. Ein großer Vorteil dieser Sensoren waren die signifikant niedrigeren Anschaffungskosten der Messdatenerfassungsanlage bzw. der Temperaturfühler im Gegensatz zu anderen Temperaturmessverfahren wie zum Beispiel Sensoren auf Basis der Widerstandsmessung. Die robusteren und bei Bedarf einfach zu verlängernden Messleitungen trugen ebenfalls zum Einsatz der Thermoelemente bei. Ein wesentlicher Nachteil dieser Thermoelemente ist die in Kap. 2.2.2. beschriebene relativ hohe Messungenauigkeit. Um die Forderungen der Norm DIN EN ISO 7726 einhalten zu können mussten die Genauigkeiten der Messfühler erhöht werden.

Die höchsten Fehlerfaktoren im Rahmen der Messkette bestehen aus Fühler, Leitungen, der Ungenauigkeit des Vergleichsstellen-Messinstrumentes, der Linearisierungsungenauigkeit und des Systemfehlers der Messanlage. Zusammen stellen sie die Fühlerabweichung dar.

Um die Genauigkeit zu erhöhen, wurde jeder einzelne Thermoelementfühler gemeinsam mit einem hochpräzisen Platinwiderstandsfühler Pt100 mit einer Genauigkeit von ±0,06 K (Kalibrierung der Fa. Ahlborn Mess- und Regelungstechnik GmbH), in ein auf 25,00 °C geheiztes Temperierbad getaucht. Nach einer Einstellzeit von 5 min. konnten die gemessen Werte abgelesen werden. Die Differenz des Thermoelements zum Pt100 wurde als Messabweichung dokumentiert. In der Software AMR WinControl, die zur Aufzeichnung und Speicherung der Messdaten verwendet wurde, konnten die Abweichungen jedem Fühler zugeordnet und gespeichert werden. Die eingegebenen Werte werden innerhalb der Software verarbeitet, so dass der gemessene Temperaturwert korrigiert dargestellt wird.
Eine weitere Fehlerquelle stellt die Vergleichsstellentemperaturmessung dar, die einmal pro Einschubkarte gemessen wird. Da jeweils 10 Temperaturfühler zusammengefasst an einer Einschubkarte innerhalb der Messdatenerfassungsanlage betrieben werden, beziehen sich diese 10 Fühler auch auf eine Vergleichsstelle. Deshalb sind die Fühler in bereichsgebundene Gruppen eingeteilt

worden, wodurch der Fehler der Vergleichsmessung bei zum Beispiel den Temperaturmessungen an Vor- und Rückläufen eingeschränkt werden konnte. Alle weiteren in diesem Projekt eingesetzten Messsensoren sind bereits durch die Fa. Ahlborn Mess- und Regelungstechnik GmbH abgeglichen geliefert worden.

4. Messung

Vor Beginn der Messreihen wurden einzelne Messphasen festgelegt, die es ermöglichen sollten, die einzelnen Versuche zügig zu bearbeiten. Wie sich jedoch herausstellte, konnte dieser Zeitplan auf Grund von Lieferverzögerungen der Messanlage nicht eingehalten werden. Zusätzlich traten weitere Verzögerungen durch eine für sommerliche Verhältnisse ungünstige Wetterlage auf. So konnte sich nur bedingt an die festgelegten Messphasen gehalten werden. Ein zeitlicher Verlauf der durchgeführten Phasen ist in Tabelle 4 und 5 dargestellt.

4.1. Messphasenplan

Messphasen	Juni	Juli	August	September	Oktober
Messphase 1	▨▨▨	▨▨▨	▨▨▨	▨▨▨	
Messphase 2			■		
Messphase 3			■		
Messphase 4				■	
Messphase 5				■	
Messphase 6				■	

Tabelle 4: zeitlicher Verlauf der durchgeführten Messphasen 2008

▨▨▨ Messung mit Hygro- Thermographen
■ Messung mit Messdatenerfassungsanlage

Messphasen	Juni	Juli	August	September	Oktober
Messphase 7	■				
Messphase 8		■			
Messphase 9		■			

Tabelle 5: zeitlicher Verlauf der durchgeführten Messphasen 2009

4.2. Beschreibung der Messphasen

Im Folgenden sollen die Messphasen 1 bis 10 kurz beschrieben werden.

4.2.1. Messphase 1 – Messung mit Hygro- Thermographen

In der ersten Messphase, die am 02.06.08 begann, wurden in den messtechnisch zu erfassenden Räumen Hygro- Thermographen platziert, die die Lufttemperatur und die dazugehörige relative Luftfeuchte ermitteln. Da die Messanlage noch in der Planungsphase war, sollte im Vorfeld das thermische Verhalten des Gebäudes mittels der Hygro- Thermographen dargestellt werden.

Diese Hygro- Thermographen wurden in den Räumen 2.05, 2.06, 2.08 und Außen an der Ost Fassade aufgestellt.

4.2.2. Messphase 2 – natürliche Aufheizung im Sommer

Nachdem die Messfühler und die Messdatenerfassungsanlagen installiert waren, konnte ab dem 24.07.08 mit den Messreihen begonnen werden und die einzelnen Messphasen durchgeführt werden.

Messphase 2: Erfassen der Raumzustände bei konstantem Volumenstrom und der geringsten zu erreichenden Temperatur im Vorlauf der Heizkörper. Nachdem sich das System eingestellt hatte, konnten die Messwerte aufgezeichnet werden. Die waagerecht verlegten Vor- und Rücklaufleitungen waren noch nicht gedämmt, um eventuellen Kondensatanfall messen zu können.

4.2.3. Messphase 3

4.2.3.1. Erhöhung der Vorlauftemperatur

Da in Messphase 2 die Taupunkttemperatur stets unterschritten wurde, ist die Vorlauftemperatur am 08.08.08 angehoben worden, um den Kühleffekt im Bereich der trockenen Kühlung zu untersuchen. Es wurde dabei der maximal mögliche Volumenstrom eingestellt.

4.2.3.2. Kühlung ausgeschaltet

Um die Regelelektronik im Heizungsraum zu montieren wurde die Kühlung ausgeschaltet. Dabei konnte beobachtet werden, wie sich die Raumtemperaturen nach dem Abschalten der Kühlung verhalten.

4.2.4. Messphase 4 – künstliche Aufheizung

Da die Außentemperatur stets unterhalb der Raumtemperatur lag, war keine Überhitzung der Räume zu verzeichnen. Wegen der ungünstigen Wetterlage mussten die Versuchsräume ab dem 05.09.08 bei abgestellter Kühlung mittels künstlicher Wärmequellen aufgeheizt werden. Anschließend ist in einem Raum die Kühlanlage wieder in Betrieb genommen worden, während sich der Referenzraum in einer natürlichen Abkühlphase ohne technische Hilfsmittel befand. Während dieser Abkühlphase wurden diejenigen Messwerte aufgezeichnet, die einen evtl. eintretenden Kühleffekt beschreiben können.

4.2.5. Messphase 5 – Abkühlung mit Ventilatorunterstützung

Aufbauend auf den Ergebnissen der vorangegangenen Messungen konnte diese Messphase entwickelt werden. Ab dem 12.09.08 wurden beide Messräume, erneut künstlich aufgeheizt. Nachdem eine Raumtemperatur von ca. 30 °C erreicht worden war, wurde die Kühlung wieder eingeschaltet. Um die Kühlleistung eventuell zu erhöhen, wurde ein Ventilator oberhalb der Kühlfläche im Raum 2.05 montiert. Im Vergleichsraum 2.06 nebenan wurde ohne Ventilatorunterstützung, wie schon in den vorherigen Messphasen, zu Vergleichszwecken gekühlt.

4.2.6. Messphase 6 - Befeuchtung

Da bei den Messphasen 4 und 5 mit vorheriger Aufheizung die rel. Luftfeuchte auf etwa 40 % gesunken war und Feuchtequellen durch Nutzung wegen der Ferienzeit fehlten, sollte in einem weiteren Test ab dem 19.09.08 zusätzlich auch die rel. Feuchte erhöht werden. Mittels eines Ultraschall-Luftbefeuchters wurde die Luftfeuchtigkeit erhöht. Es konnten etwa 2,5 Liter Wasser in 44 Stunden an den Raum abgegeben werden. Bei den anschließenden Messungen wurde besonderes Augenmerk auf entstehendes Tauwasser gelegt.

4.2.7. Messphase 7 – erhöhte Raumnutzung

Am 26.06.2009 fand im Raum 2.08 eine Besprechung statt, bei der insgesamt 7 Personen anwesend waren. Da dieser Raum als Referenzraum für die neuen Messphasen ebenfalls mit Lufttemperatur- und Luftfeuchtesensoren ausgestattet wurde, konnte festgehalten werden, wie sich die Luftzustände verändern, wenn eine erhöhte Nutzung des Doppelbüros stattfindet und die Heizkörper im Kühlbetrieb gefahren werden. Die Auswirkungen der zusätzlichen inneren Wärme- und Feuchtequellen durch Personen wurde hier untersucht.

4.2.8. Messphase 8 - Kondensatbildung

Da der Sommer 2009 durchschnittlich höhere Außentemperaturen aufwies als der Sommer im Jahr 2008, konnten einige der bereits im Vorjahr durchgeführten Messphasen, bei denen die Räume zuerst aufgeheizt werden mussten, um anschließend das Kühlverhalten der Heizkörper zu untersuchen, unter realen Wetterbedingungen wiederholt werden. Die Tageshöchsttemperatur außen lag am 03.06.09 bei etwa 32 °C im Schatten, deshalb wurde in der ersten Juliwoche die niedrigste Vorlauftemperatur, die mit der Fernkälte erreicht werden konnte, eingestellt, um erneute Kondensatmessungen durchführen zu können. Diese lag zwischen 11 °C und 12 °C.

4.2.9. Messphase 9 – Vorlauftemperatur oberhalb des Taupunktes

Wie bereits schon in Messphase 3 untersucht, sollte in Messphase 9 der Kühleffekt unter realen Wetterbedingungen untersucht werden, wenn die Vorlauftemperatur oberhalb der Taupunkttemperatur liegt und es somit nicht zur Kondensatbildung kommen kann. Der Volumenstrom wurde bei diesem Versuch auf den größtmöglichen Wert von ca. 5 ½ l/min. am Vorlauf eingestellt. Im unterschied zur Messphase 3 wurde hier der Raum vorher nicht künstlich aufgeheizt, um den Kühlversuch durchzuführen.

5. Auswertung der Messergebnisse

5.1.1. Messphase 1 – Messung mit Hygro- Thermographen

Während der Planung der Messdatenerfassungsanlage wurden schon Vorabmessungen mit Hygro- Thermographen (Kap. 2.1.9.) durchgeführt, um das thermische Verhalten der Büroräume an der Ostseite des Fachbereiches kennen zu lernen. In den ausgewählten Büros mit den Raumnummern 2.05, 2.06 und 2.08 wurden die Hygro- Thermographen seitlich in 1,1 m Höhe auf Regalen platziert. Die beiden Räume 2.05 und 2.06 sind die Versuchsräume für das Forschungsvorhaben mit der Datenerfassung und wurden temporär belegt. Die Aufzeichnungen im Doppelbüro 2.08 dienten zu Vergleichszwecken, da dieses im Gegensatz zu den anderen Büros dauerhaft genutzt wurde. Ein weiterer Thermograph ist außen, zur Aufzeichnung von Wetterdaten an der Ost-Seite gegen Regen und Sonnenschein geschützt aufgehängt worden. Um die Werte der verschiedenen Räume und die der Außenluft miteinander vergleichen zu können, wurden die aufgezeichneten Daten in eine Excel Tabelle eingelesen.

Nach dem Umbau der Heizungsanlage (Kap. 3.1.5.) konnte die Kühlung am 01.07. zum ersten Mal eingeschaltet werden. Bei einer Vorlauftemperatur unmittelbar nach dem Wärmetauscher im Heizungsraum von 12 °C stellte sich am Vorlauf des Kühlkörpers (umfunktionierter Heizkörper) eine Oberflächentemperatur von ca. 13 °C ein. Der Taupunkt an der Kühlfläche wurde unterschritten, die Oberfläche beschlug und es kam zur Tropfenbildung. In der unter dem Kühlkörper aufgestellten provisorischen Auffangwanne konnten keine größeren Mengen Kondensat gemessen werden, da die wenigen Tropfen im Bereich der Anschlussseite am Vorlauf sofort wieder verdunsteten. In Abb. 5-1 ist zu erkennen, dass die Temperatur des gekühlten Raumes 2.05 unterhalb der Temperaturen der anderen Räume 2.06 und 2.08 liegt. Zum Zeitpunkt dieser Messungen waren noch keine Fenster- und Türkontakte installiert. Somit konnten kleine Störungen nicht festgehalten werden. Am 03.07. von 12.00 bis 15.30 Uhr stand die Tür im Raum 2.05 offen, da mit den Installationen der Messanlage begonnen wurde. In dieser Zeit kühlte sich der Raum um 2 K ab, da der Flurbereich wesentlich kühler war.

In der ersten Messphase zeigte sich auch, dass der Volumenstrom im Kühlkörper nicht optimal war. Die Abbildung 8-6 vom Kühlkörper im Anhang zeigt, dass nicht alle Rechteckrohre gleichmäßig mit Kälte durchströmt wurden. Der Beschlag am Kühlkörper weist die kältesten Stellen auf. Dies ist nicht durch das in Abb. 3-13 gezeigte Strömungsprinzip zu erklären. Ob einzelne Rechteckrohre werksseitig gedrosselt wurden, um eine andere Leistung des Heizkörpers einzustellen, soll im späteren Verlauf des Projektes auf einem Heizkörperprüfstand getestet werden. Auch soll dann die Kühlleistung unter genormten Randbedingungen ermittelt werden. Zwischen Vor- und Rücklauf wurde eine Temperaturdifferenz von 0,3 K festgestellt (s. auch Kap. 5.1.2 Leistungsberechnung). Bis auf den leichten Feuchtebeschlag mit Tröpfchenbildung auf der Kühlkörperoberfläche, fiel keine messbare größere Kondensatmenge an.

Insgesamt kann innerhalb der Messwoche vom 03.07. bis 09.07.08 festgestellt werden, dass in den Tageszyklen mit sinkenden Außentemperaturen bei Tageshöchsttemperaturen von 29 °C auf 20 °C sich auch die ungekühlten Räume von 24 °C auf rund 22 °C, dem Temperaturniveau des gekühlten Raumes, anglichen. Allgemein kann festgestellt werden, dass je höher die Tageshöchsttemperaturen mit direkter Sonneneinstrahlung waren, desto größer ist auch die Kühlleistung des umgebauten Heizkörpers. Nach diesen Vormessungen ist zu vermuten, dass der Kühlkörper die einstrahlende Sonnenenergie kompensiert.
Betrachtet man die Auswertungen der relativen Feuchte-Aufzeichnung der Hygro- Thermographen im gleichen Zeitraum, so kann allgemein festgestellt werden, dass erwartungsgemäß die relative Feuchte in den wärmeren Räumen 2.06 und 2.08 niedriger ist als in dem gekühlten Raum 2.05. Mit der Türöffnung am 03.07.08 stieg die relative Feuchte von 53 % auf 65 % an. Die relative Feuchte im gekühlten Raum lag durchschnittlich 5 % höher als in den nicht gekühlten Räumen, da kühlere Luft über ihre Dichte weniger Feuchtigkeit aufnehmen kann (s. Kap. 2.1.4.). Absolut gesehen weisen beide Räume ähnliche Feuchtewerte zwischen 8 g/kg und 9 g/kg $_{tr.\ Luft}$ auf. Der Raum 2.08 hatte höhere relative Feuchten auf Grund der Nutzung durch die zwei Büroangestellten.

Untersuchung des Einsatzes von
Heizkörpern zur sommerlichen Kühlung

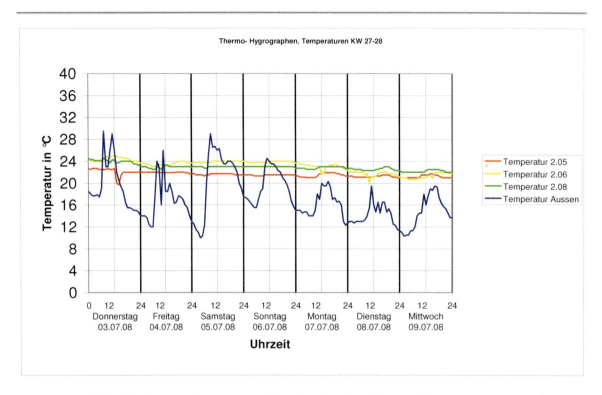

Abb. 5-1: Auswertungen der Temperatur der Hygro- Thermographen

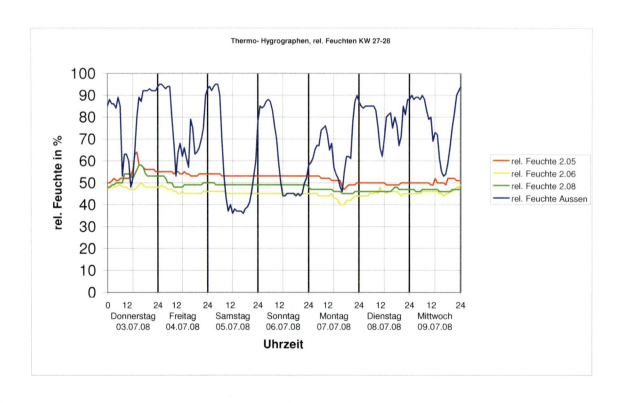

Abb. 5-2: Auswertung der relativen Feuchte der Hygro- Thermographen

5.1.2. Messphase 2 – natürliche Aufheizung

In der Woche vom 21.07. bis zum 25.07. fand der in Kap. 3.2.2. beschriebene Fühlerabgleich statt. Gleichzeitig sind die Messanlagen in den Räumen 2.05 und 2.06 installiert worden. Nach einer Einregulierungsphase ist die Messdatenerfassung der Raum- und Oberflächentemperaturen am 29.07. gestartet worden. Zu diesem Zeitpunkt durchströmte bereits 13 °C kaltes Wasser den Kühlkörper im Raum 2.05. Die Aufzeichnung der Wetterdaten erfolgte ab dem 31.07., wobei die Wetterdaten bis 19.00 Uhr zunächst im 5 Minuten Abstand gemessen wurden. Ab 20.00 Uhr wurde die Anlage umprogrammiert, so dass auch die Außentemperatur im Minutenrhythmus erfasst werden konnte.
Sehr deutlich ist in Abb. 5-4 zu erkennen, dass sich über alle vier Tage im gekühlten Raum eine Temperaturschichtung eingestellt hatte, dessen Spreizung zwischen der Temperatur auf 1,1 m und 1,7 m Höhe rund 2 K betrug. Zu den Zeiten, an denen direkte Sonneneinstrahlung über die Fenster der Ostfassade in die Räume gelangte, erhöhte sich die Temperatur der oberen Luftschichten. Die Temperaturdifferenz betrug hierdurch 5 K und mehr. Die Verschattungseinrichtungen waren während dieses Messzeitraumes bewusst nicht betätigt. Gut zu sehen ist, dass die Temperaturkurven der Messfühler in 1,7 m in beiden Messräumen annähernd parallel verlaufen, mit dem Unterschied, dass der ungekühlte Vergleichsraum 2.06 um 2 K höhere Temperaturen aufweist. Kurzzeitige Türöffnungen wirkten sich nicht auf das Temperaturprofil aus. Auch längere Phasen mit gekipptem Fenster nahmen kaum Einfluss auf die Rauminnentemperaturen. Lediglich eine Querlüftung über mehrere Stunden, wie am 01.08. im ungekühlten Raum, brachte Temperaturschwankungen, wie sie bei der Außenluft existieren, mit sich. Dies ist auf den Einfluss des Luftaustausches mit der Außenluft und der Windgeschwindigkeit zu erklären. Zur genaueren Betrachtung der Aufheizung der Räume über die Sonneneinstrahlung wird der 31.07. im Folgenden näher beschrieben.

Ein Tag, der 31.07.2008, gleich zu Beginn der Messreihen, hatte für den Kühlversuch die Idealtemperatur eines heißen Sommertages von über 30 °C. Hier zeigte sich, dass bei den höheren Temperaturdifferenzen zwischen Innen und Außen durchaus mit der Heizfläche die Luft im Versuchsraum angenehm behaglich angekühlt werden kann. In Abb. 5-3 ist ein hx/ ix Diagramm mit Werten des gekühlten und eines ungekühlten Raumes gleicher Größe dargestellt. Klar zu erkennen ist, dass der gekühlte Raum deutlich niedrigere Temperaturen aufweist als der nicht gekühlte Raum. Die Messwerte liegen näher am Behaglichkeitsbereich als beim nicht gekühlten Raum (s. auch Abb. 5-6). Die relative Feuchtigkeit liegt mit 50 bis 60 % rel. Feuchte im gekühlten Raum um die 5 % höher als im nicht gekühlten Raum. Absolut gesehen ist der gekühlte Raum etwas trockener als der ungekühlte Raum. Die weiteren Grafiken (Abb. 5-5 und 5-6) zeigen die Temperatur- und rel. Feuchtekurven beider Räume. Deutlich zu sehen ist die Temperaturschichtung, die sich in dem gekühlten Raum gegenüber dem ungekühlten Vergleichsraum einstellt. Ab 8.30 Uhr steigt die Raumtemperatur aufgrund der Sonneneinstrahlung über das Fenster auf der Ostfassade in beiden Räumen stark an und die Temperaturspreizung in den verschiedenen Höhen wird größer. Der vorhandene Sonnenschutz wurde nicht betätigt. Ab 14.45 Uhr wurde im nicht gekühlten Raum das Fenster durch den Nutzer gekippt, wodurch die Temperatur im Raum sich leicht um 1 K erhöhte. Auf die rel. Feuchte hatte dies fast keinen Einfluss. Alle Versuchspersonen empfanden den gekühlten Raum wesentlich behaglicher als den Ungekühlten mit gekipptem Fenster. An der Kühlfläche entstand Kondensat in Form eines Feuchtebeschlages und insgesamt konnten 166 ml Kondensat innerhalb von 24 Stunden in der unter der Kühlfläche installierten Kondensat-Auffangwanne gemessen werden. Bei einer Vorlauftemperatur von 13 °C, einer Rücklauftemperatur von 13,3 °C, einem Volumenstrom von 0,52 m³/h (0,144·10⁻³ m³/s) und Oberflächentemperaturen am Kühlkörper zwischen 16 °C und 17 °C wurde der Taupunkt unterschritten. Aus diesen gemessenen Werten konnte mittels Gleichung (6) eine Kühlleistung von rund 180 Watt berechnet werden.

$$P_{kuehl} = \dot{V} \cdot \rho_w \cdot c_w \cdot \Delta T \tag{6}$$

Aus Formel (6) ergibt sich eine Kühlleistung von 181,32 Watt bei folgenden Einzelparametern:

P_{kuehl} = zu ermittelnde Kühlleistung in J/s
$\dot{V}$ = Volumenstrom in m³/s
ρ_w = Dichte von Wasser (999,38 kg/m³) bei 13 °C
c_w = spezifische Wärmekapazität von Wasser (4187 J/(kg·K))
ΔT = Temperaturdifferenz zwischen Vor- und Rücklauf in K

$$P_{kuehl} = 0,1\overline{4} \cdot 10^{-3} \, \frac{m^3}{s} \cdot 999,38 \, \frac{kg}{m^3} \cdot 4187 \, \frac{J}{kg \cdot K} \cdot 0,3 \, K$$

$$\Rightarrow 181,32 \, \frac{J}{s} \Rightarrow \underline{181,32 \, W}$$

Eine weitere Messphase mit Tageshöchsttemperaturen von über 30 °C gab es während der Messphasen leider nicht.

Luftzustände am 31.07.08 9.00 - 19.00 Uhr

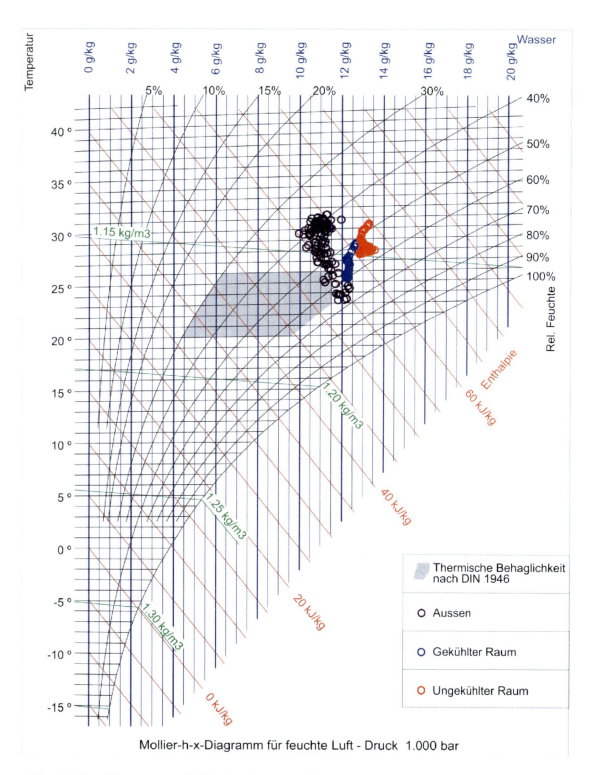

Abb. 5-3: h,x-Diagramm mit Werten des gekühlten, des ungekühlten und der Außenluft

Untersuchung des Einsatzes von
Heizkörpern zur sommerlichen Kühlung

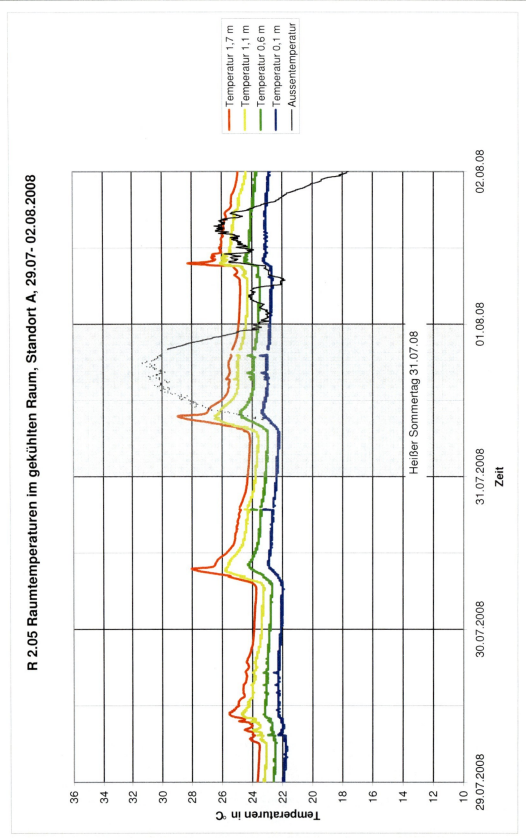

Abb. 5-4: 2.05 Raumtemperaturen verschiedener Höhen

Untersuchung des Einsatzes von
Heizkörpern zur sommerlichen Kühlung

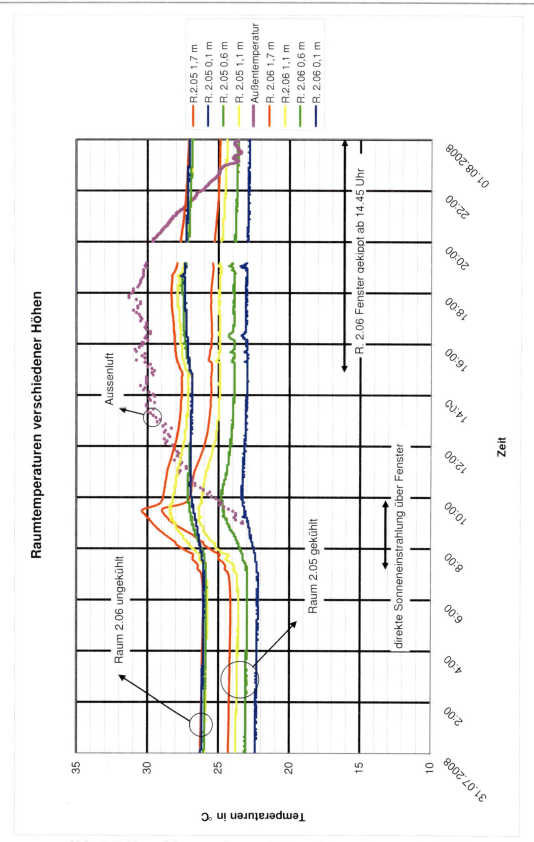

Abb. 5-5: Vergrößerung der markierten Abschnitts aus Abb. 5-4

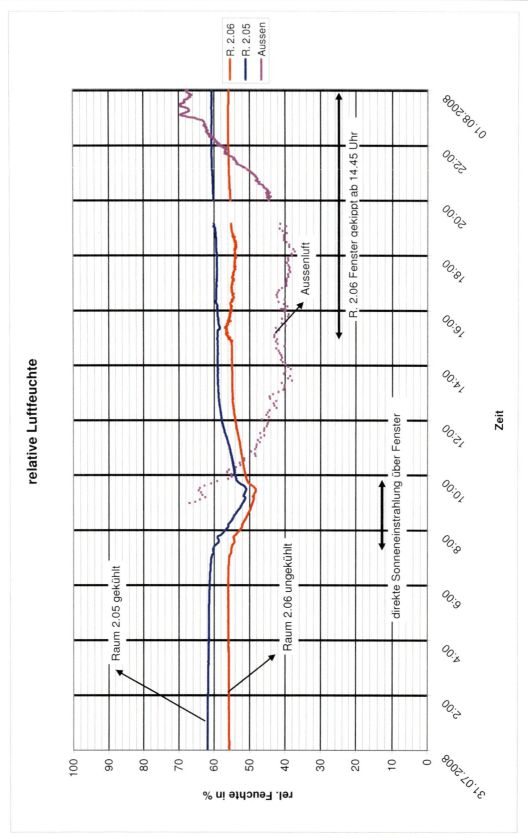

Abb. 5-6: relative Luftefeuchte des vergrößerten Bereiches

5.1.3. Messphase 3

5.1.3.1. Erhöhung der Vorlauftemperatur

In Messphase 3 ist untersucht worden, welche Raumtemperaturen sich einstellen, wenn die Vorlauftemperatur von 13 °C, gemessen am Kaltwassereintritt in den Kühlkörper, auf 16 °C angehoben wird. Da sich in der zuvor beschriebenen Messphase die niedrigste, anlagentechnisch erreichbare Vorlauftemperatur auf 13 °C eingestellt hat und dabei die Taupunkttemperatur bei ca. 15 °C lag, kam es an der Kühlfläche und an den Rohrleitungen zu Kondensatbildungen. Durch die Erhöhung der Vorlauftemperatur auf 16 °C sollte die Entstehung von Kondensat verhindert werden. Da die Regelelektronik des Mischventils noch nicht montiert war, ist am 08.08. die Einstellung des Mischerventils per Hand verändert worden. So konnte wärmeres Wasser aus dem Rücklauf durch die Bypassleitung in den Vorlauf strömen. Nachdem sich die Temperatur im Vorlauf auf 16 °C eingependelt hatte wurde mit den Messungen begonnen.

In Abb. 5-7 und 5-8 wird das Temperaturverhalten des gekühlten Raumes mit den Vorlauftemperaturen 13 °C und 16 °C verglichen. Um zusätzlich die Werte des ungekühlten Raumes mit zu betrachten, wurden diese auf Folien gedruckt und darüber gelegt. Außer am 01.08. lagen die Außentemperaturen an allen Tagen bei 16 – 22 °C, wobei das Temperaturniveau vom 09.08. bis 13.08. durchschnittlich niedriger war. In den Temperaturkurven Abb. 5-7 und 5-8 ist eine Temperaturschichtung im gekühlten Raum klar zu erkennen, wobei die Temperaturspreizung in den einzelnen Schichthöhen bei der Vorlauftemperatur von 13 °C höher ist. In Bezug auf die Schichtung, die im Vergleichszeitraum vom 01.08. bis 05.08 zwischen 2 K und 4 K lag, beläuft sich diese Differenz bei erhöhter Vorlauftemperatur nur auf ca. 1,5 bis 2 K. Vormittags am 09.08. und 11.08. stellte sich kurzzeitig auf Grund der direkten Sonneneinstrahlung über das Fenster eine höhere Temperaturspreizung zwischen 0,1 m und 1,7 m von 4 K ein. Die Schwankungen der Kurven am 04.08. und 12.08. sind auf Türöffnungen zurückzuführen. Vergleicht man nun die Temperaturprofile des ungekühlten Raumes im gleichen Zeitraum und legt diese auf Folie darüber, ist klar zu erkennen, dass der gekühlte Raum bei beiden Vorlauftemperaturen (13 und 16 °C) deutlich niedrigere Temperaturen aufweist. Das Temperaturniveau des gekühlten Raumes ist immer unterhalb von 26 °C. Je nach Tageszeit stellt sich durchschnittlich eine Temperaturdifferenz zwischen dem gekühlten und dem ungekühlten Raum von 2 bis 4 K ein. Dabei liegt der ungekühlte Vergleichsraum 2.06 im Zeitraum vom 01.08. bis 05.08. immer oberhalb der Behaglichkeitsgrenze von 26 °C, im kühleren Zeitraum vom 09.08. bis 13.08. durchschnittlich bei 26 °C. Im ungekühlten Büro ist eine Temperaturschichtung nicht zu erkennen. Jedoch je nach Intensität der morgendlichen Sonneneinstrahlung im Osten stellt sich auch im ungekühlten Raum eine Temperaturschichtung ein. Am 09.08. um 8.25 und 9.20 Uhr sowie am 11.08. um 8.55 Uhr stiegen die Temperaturen im Raum 2.06 in 1,7 m Höhe auf Grund der Sonneneinstrahlung auf Höchstwerte über 30 °C, wobei in Bodennähe bei 0,1 m und 0,6 m Höhe die Temperaturen um 26 °C lagen. Auch ist zu erkennen, dass sich das gekippte Fenster im nicht gekühlten Raum kaum auf das Temperaturprofil auswirkt. Öffnet man Tür und Fenster gleichzeitig, wie am 01.08. und besonders zu erkennen am 04.08., so bewirkt die Querlüftung eine natürliche Auskühlung des Raumes auf Außentemperaturniveau. Die Temperaturen des gekühlten Raumes bleiben durchschnittlich unterhalb von 26 °C. Bei starker Sonneneinstrahlung stellen sich jedoch in 1,7 m Höhe kurzzeitig Peaks von bis zu 28 °C ein.

Obwohl die Außentemperaturen in den zuvor beschriebenen Zeiträumen in Abb. 5-7 und 5-8 fast immer unterhalb von 22 °C liegen, kühlt der ungekühlte Büroraum, auch wenn er nicht genutzt wird, nicht auf natürliche Weise ab. Die Bauweise aus Speichermassen (Betondecken und 30er KSV-Mauerwerk) und gedämmten, leichten Trennwänden hält die Wärme im Gebäude. Auch bei den großen Temperaturdifferenzen zwischen Innen und Außen wirkt sich eine Fensterlüftung über Kippstellung, wie sie in Büroräumen üblich ist, kaum auf die Raumtemperaturen aus. Eine natürliche Auskühlung über Querlüftung oder eine ventilatorunterstützte Belüftung mit Außenluft würde hier Abhilfe schaffen, ohne aktive Kühlung zu betreiben.

Betrachtet man das Feuchteverhalten des gekühlten und ungekühlten Raumes in Abbildungen 5-9 und 5-10, so ist zu erkennen, dass erwartungsgemäß die relativen Feuchten im ungekühlten Raum niedriger liegen auf Grund der unterschiedlichen Raumlufttemperaturen. Die Differenz drückt sich deutlicher aus, je höher die Raumlufttemperaturen waren. Betrachtet man hingegen die absoluten Feuchten im Zeitraum vom 01.08. bis 05.08. mit niedriger Vorlauftemperatur, so weisen beide Räume 2.05 und 2.06 den gleichen Wassergehalt in der Luft auf. Am 01.08. war das Fenster bis 17.45 Uhr gekippt, dies wirkte sich auf die absolute Feuchte kaum aus. Als zusätzlich die Tür 12.15 bis 17.45 Uhr geöffnet wurde und eine Querlüftung stattfand, wurde der Raum annähernd an das Niveau der Außenluft getrocknet. Nachdem Fenster und Türen wieder geschlossen waren, glich sich die absolute Feuchte wieder dem Niveau des gekühlten Raumes an. Das gleiche Feuchteverhalten kann man auch am 04.08. deutlich erkennen. Die Tür des gekühlten Versuchsraumes wurde von 15.30 bis 18.30 Uhr geöffnet und es fand ein Dampfausgleich zwischen Flur und Raum 2.05 statt. Die absolute Feuchte erreichte das gleiche niedrige Niveau wie im ungekühlten Raum.

In dem zweiten Messzeitraum vom 09.08. bis 13.08.08 wurde über längere Zeit im ungekühlten Raum das Fenster gekippt und es stellte sich eine um 0,7 g niedrigere absolute Feuchte ein als im gekühlten Raum. Am 11.08. wurde zweimal kurzzeitig die Bürotür geöffnet. Die sich einstellende Querlüftung bewirkte einen Ausgleich der absoluten Luftfeuchtigkeit mit der trockenen Außenluft. Der ungekühlte Raum wurde getrocknet. Hier ist eindeutig festzustellen, wie schon in Messphase 2, dass eine kurzzeitige Querlüftung wesentlich besser funktioniert als eine Dauerlüftung über ein gekipptes Fenster.

Untersuchung des Einsatzes von
Heizkörpern zur sommerlichen Kühlung

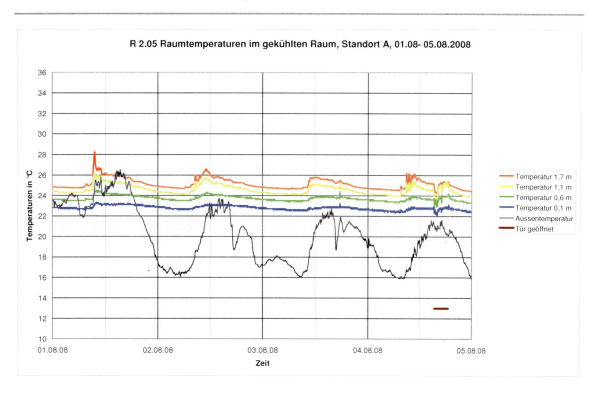

Abb. 5-7: Raumtemperaturen bei Vorlauftemperatur 13 °C

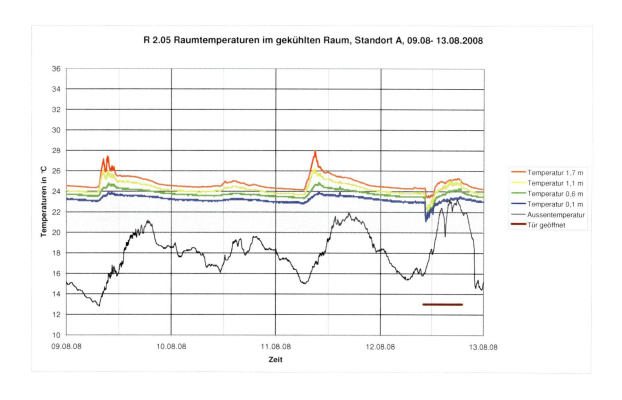

Abb. 5-8: Raumtemperaturen bei Vorlauftemperaturen 16 °C

Untersuchung des Einsatzes von
Heizkörpern zur sommerlichen Kühlung

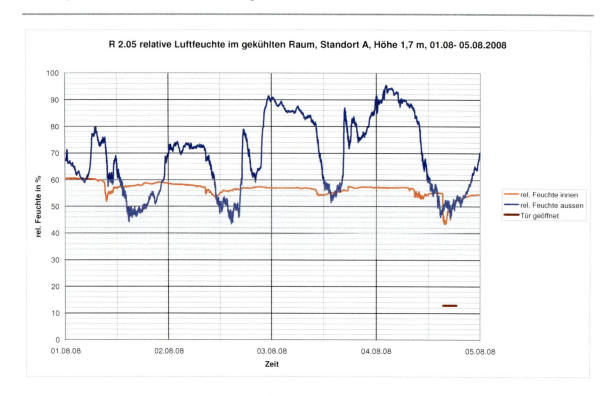

Abb. 5-9: relative Luftfeuchte bei Vorlauftemperatur 13 °C

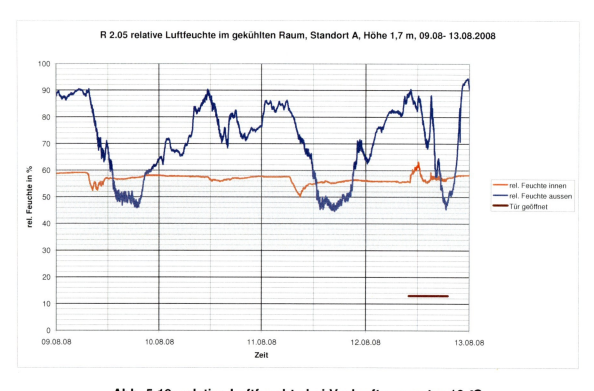

Abb. 5-10: relative Luftfeuchte bei Vorlauftemperatur 16 °C

Untersuchung des Einsatzes von
Heizkörpern zur sommerlichen Kühlung

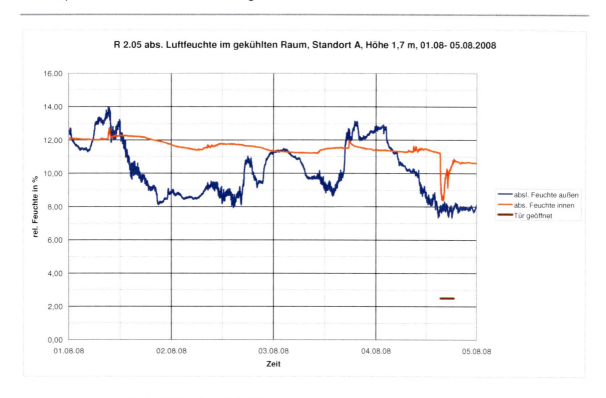

Abb. 5-11: absolute Feuchte bei Vorlauftemperatur 13 °C

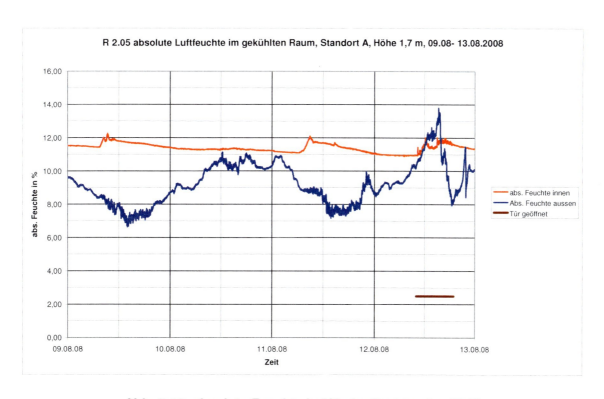

Abb. 5-12: absolute Feuchte bei Vorlauftemperatur 16 °C

5.1.3.2. Kühlung ausgeschaltet

Damit die Vorlauftemperatur variabel eingestellt werden kann, wurde am 15.08.08 eine Regeleinheit montiert. Diese ermöglicht die Sollwertvorgabe einer Temperatur, die mittels eines Regelsystems annähernd konstant gehalten wird. Damit die Regelung montiert werden konnte, musste die Kühlung am 15.08. um 11.30 Uhr abgeschaltet werden. Der Verlauf der Temperaturkurven in Abb. 5-13 zeigt, dass die zuvor bestehende Temperaturschichtung trotz der kurzzeitigen Querlüftung am 15.08. nur langsam abklingt. Auf Grund der direkten Sonneneinstrahlung bei Sonnenaufgang steigen die Lufttemperaturen am 16.08. in 1,7 m Höhe auf 27 °C an. Bei fehlender Sonneneinstrahlung sinken die Temperaturen dann wieder unter 24 °C. Eine Temperaturschichtung wie in den vorangegangenen Messphasen stellte sich erst wieder ein, als die Kühlung am 18.08.08 um 9.30 Uhr wieder in Betrieb genommen wurde. Erkennbar ist, dass unmittelbar nach der Wiederinbetriebnahme die Temperatur in 1,7 m Höhe auf Grund des Sonnenscheins leicht ansteigt, die in 0,1 m jedoch durch die Kühlung sinkt.

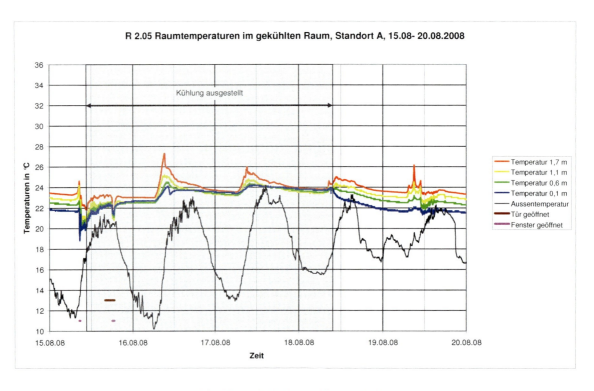

Abb. 5-13: Kühlung abgeschaltet

5.1.4. Messphase 4 – künstliche Aufheizung

Im Sommer 2008 gab es keine länger anhaltende Hitzeperiode mit Tageshöchsttemperaturen außen von über 30 °C und sog. Tropennächten, in denen die Außentemperatur nicht unter 20 °C sinkt. Obwohl die Durchschnittstemperatur höher lag als die des Vorjahres, kam es nicht zu einer Überhitzung der Büroräume wie zum Beispiel im Jahrhundertsommer 2003. Um dennoch Kühlversuche durchführen zu können, sollte eine Überhitzung simuliert werden. Hierzu wurden die beiden Versuchsräume mittels Heizlüftern aufgeheizt. In Abb. 5-15 ist die Taktung der Heizlüfter durch die breiten, farbigen Streifen (Thermostatregelbereich von 2 K) deutlich zu erkennen. Die Kühlanlage wurde am 05.08.08 ausgestellt, damit beide Räume beheizt werden konnten. Die Thermostate der Lüfter wurden so eingestellt, dass sich eine Lufttemperatur von etwa 30 °C einstellte. Damit eine gleichmäßige Temperaturverteilung erreicht werden konnte, wurde über einen Zeitraum von 44 Stunden aufgeheizt.

Beide Büros wurden mit einem Standgerät der Fa. Honeywell, mit einer Leistung von 2,5 kW und einer Thermostatregelung von 2 K ausgestattet (s. Abb.5-14). Diese mobilen Geräte wurden in der Mitte neben der Tür der jeweiligen Räume, ca. 0,5 m von der Flurwand entfernt, aufgestellt. Die Warmluft wurde horizontal in einer Höhe von ca. 0,4 m vom Boden entfernt in Richtung Fenster eingeblasen, so dass sich eine Luftwalze in den Räumen ergab.

Abb. 5-14: Heizlüfter zur Aufheizung der Räume

Nachdem die Heizlüfter am 07.08. um 12.00 Uhr ausgeschaltet wurden, ist die Kühlung im Raum 2.05 in Betrieb genommen worden. Die Vorlauftemperatur betrug 13 °C und der Volumenstrom im Vorlauf des Kühlkörpers 0,52 m³/h. Um den Einfluss der Kühlfläche auf die Raumtemperaturen zu verdeutlichen, ist der Vergleichsraum 2.06 nach der Aufheizung nicht gekühlt worden. Im Diagramm in Abb. 5-15 ist dieser Einfluss gut zu erkennen. Innerhalb weniger Stunden stellte sich im gekühlten Raum 2.05 wieder eine Schichtung über die Höhen mit einer Temperaturdifferenz zwischen Kopf- und Knöchelhöhe von 2,5 bis 3,5 K ein. Bis zum Arbeitsbeginn am Montag den 08.09. sank die Temperatur in Kopfhöhe unter die 26 °C Grenze. In 0,1 m Höhe konnte zur gleichen Zeit eine Temperatur von 23,3 °C gemessen werden. Die Temperaturen im ungekühlten Raum 2.06 zeigen, wie auf der Folie der Abb. 5-15 zu sehen, kein Höhentemperaturprofil und weisen ähnliche Werte, wie sie im gekühlten Raum 2.05 in 1,7 m Höhe herrschen, auf.

Am Montag, den 08.09. konnte der Nutzer des ungekühlten Büros 2.06 durch öffnen des Fensterflügels um 11.30 Uhr die Temperatur um einige Grad senken, da die Außentemperatur bei nur etwa 16 °C lag. Damit fielen die Raumtemperaturen bis auf 24 °C ab, während der gekühlte Raum durch die direkte Sonneneinstrahlung leicht erwärmt wurde. Nachdem das Fenster geschlossen wurde, stiegen die Lufttemperaturen im Raum 2.06 wieder an. Durch die Kühlung im Raum 2.05 fällt die Lufttemperatur bis zum Sonnenaufgang am 09.09. in Kopfhöhe auf 24,5 bzw. in Knöchelhöhe auf 22,2 °C ab. Sowohl im gekühlten als auch im ungekühlten Raum fand am 09.09. keine Nutzung statt. Am darauf folgenden Tag ist um 12.45 Uhr das Fenster im Raum 2.06 gekippt und die Tür geöffnet worden. Am 11.09. um 9.45 Uhr wurde zur Vorbereitung der nächsten Messphase auch das Handventil am Kühlkörper im Raum 2.06 geöffnet und somit auch dort die Kühlung in Betrieb genommen. Recht schnell stellte sich auch hier wie im anderen gekühlten Raum eine Temperaturschichtung ein, die noch durch die aufkommende Sonneneinstrahlung verstärkt wurde. Der Nutzer des Raumes 2.05 wollte durch eine kurzzeitige Fensteröffnung von 17.20 bis 18.00 Uhr die Raumtemperatur senken. Deutlich zu sehen ist aber ein gegenteiliger Effekt mit Zerstörung der Luftschichtung. Durch die angestiegenen Außentemperaturen, die oberhalb der Raumtemperaturen lagen, ist die Innentemperatur um 3 K gestiegen. Auch zu erkennen ist, dass sich nach dem Schließen des Fensters die Temperaturschichtung sofort wieder einstellte.
Betrachtet man die relativen Feuchtekurven in Abb. 5-16 parallel zu den zuvor beschriebenen Temperaturkurven, so ist zu erkennen, dass wiederum die relative Feuchte im ungekühlten Raum um 5-10 % niedriger ist als im gekühlten Raum. Dahingegen ist die absolute Feuchte (Abb. 5-17) in beiden Räumen bis zur Fenster- und Querlüftung im ungekühlten Raum am 08.08. um 11.30 Uhr genau gleich. Nach der Aufheizung fallen die absoluten Feuchten von 12 g/kg $_{tr. Luft}$ auf 10 g/kg $_{tr. Luft}$ ab. Dies kann durch die Absorption der trockenen Baumaterialien, Undichtigkeiten des Raumes und der Diffusion durch die Bauteile erklärt werden. Während der Bürolüftung über das Fenster im Raum 2.06 von 11.30 bis 17 Uhr stellte sich eine Trocknung von 2 g/kg $_{tr. Luft}$ ein. Nach dem Schließen des Fensters stieg die absolute Feuchte auf das Niveau des gekühlten Raumes an. Durch die erneute Fensteröffnung erhöhte sich die abs. Feuchte analog zur abs. Außenfeuchte. Der ungekühlte Raum 2.06 ist um 0,5 bis 0,8 g/kg $_{tr. Luft}$ feuchter. Die relativen Feuchten sind in beiden Räumen gleich (Abb. 5-16).

Untersuchung des Einsatzes von
Heizkörpern zur sommerlichen Kühlung

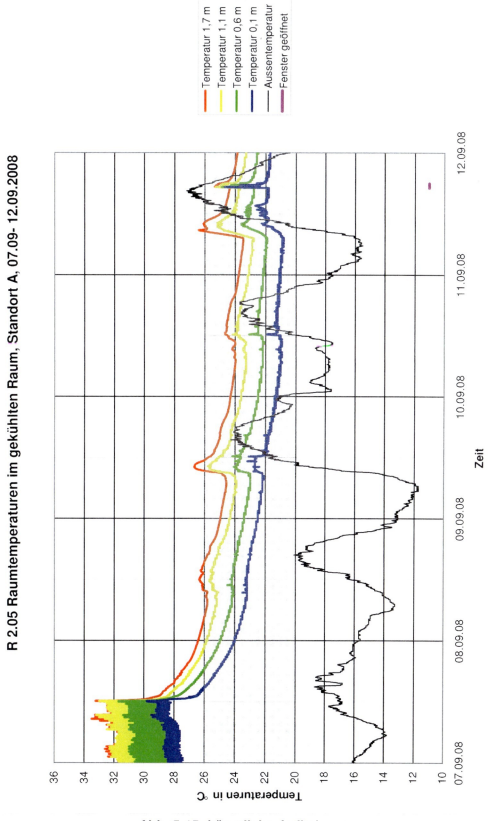

Abb. 5-15: künstliche Aufheizung

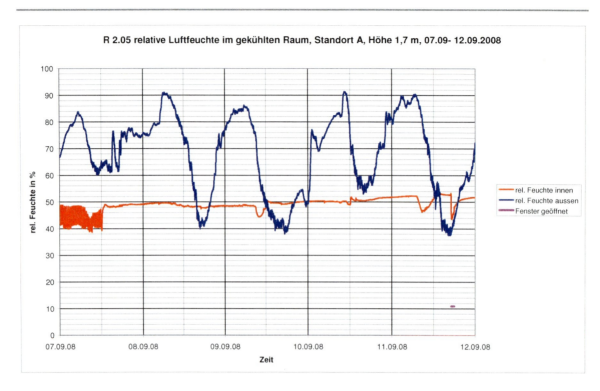

Abb. 5-16: relative Luftfeuchte der Messphase 4

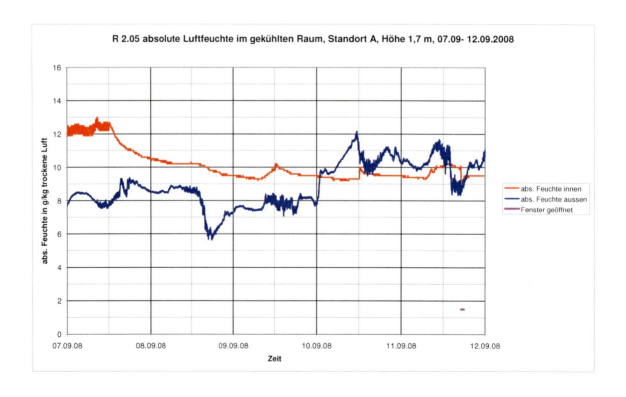

Abb. 5-17: absolute Luftfeuchte in der Messphase 4

5.1.5. Messphase 5 – Abkühlung mit Ventilatorunterstützung

Aufbauend auf Messphase 4 sollten weitere Versuche mit einer künstlichen Aufheizung der Versuchsräume stattfinden. Aus den vorangegangenen Versuchen stellte sich die Frage, ob die Kühlleistung des Heizkörpers erhöht werden kann, wenn eine aktive Luftzufuhr über seine Oberfläche erfolgt. In Messphase 5 sollte überprüft werden, ob sich der Kühleffekt durch technische Maßnahmen, wie der Installation eines Ventilators mit Luftverteilung, noch verstärken lässt. Dazu wurden beide Räume erneut wie in Kap. 5.1.4. beschrieben aufgeheizt. Nachdem die Raumlufttemperatur von 30 °C erreicht war, wurden die Heizlüfter abgeschaltet und die Ventile an den Kühlkörpern wieder geöffnet. Um Luft durch die Lamellen des Kühlkörpers strömen zu lassen, wurde zusätzlich ein Kunststoffkanal auf dem Kühlkörper im Raum 2.05 installiert, in dessen Unterseite zuvor ein Lochmuster gebohrt wurde. Die Größe des Kanals entsprach der Oberseite des Kühlkörpers. Ein Rohrventilator mit einem Volumenstrom von 105 m^3/h sollte eine Konvektion von oben nach unten erzwingen und so die Verteilung der gekühlten Luft im Raum fördern. Die Vorlauftemperatur im Kühlkreislauf wurde auf 13 °C geregelt. Da bei diesem Versuch zwei Kühlkörper mit Kälte versorgt werden mussten, halbierte sich der Volumenstrom pro Kühlfläche auf 270 Liter pro Stunde. Auf Grund des geringen Volumenstroms ist das Volumenstrommessgerät umprogrammiert worden, um das Messergebnis in Liter pro Stunde ablesen zu können.

Nach Absprache mit den Büronutzern wurde die Aufheizphase beider Versuchsräume auf das Wochenende ab Freitagmittag gelegt. Leider wurde entgegen der Absprache am Freitagnachmittag die Heizanlage im Raum 2.05 vom Nutzer wieder abgestellt, da in diesem Büro bis abends gearbeitet wurde. Es stellte sich relativ schnell eine konstante Raumtemperatur ohne Schichtung von 24 °C ein. Erst am Samstag, den 13.09. um 10.45 Uhr konnte bei einem Kontrollgang die Heizung, wieder eingeschaltet werden um in beiden Versuchsräumen gleiche Klimabedingungen zu haben. Außerdem stellte sich heraus, dass durch eine zu hohe Einstellung des Thermostates am Heizlüfter der Raum 2.06 auf eine Raumlufttemperatur von 38 °C erwärmt wurde. Zunächst ist die überschüssige Wärme über den Flur abgelüftet worden. Der Raum konnte bis Sonntagmittag 12 Uhr über Abkühlung und Wiederaufheizung auf annähernd das gleiche Temperaturniveau von 30 °C, wie auch Raum 2.05 gebracht werden. Auch in der darauf folgenden Messphase stellte sich unmittelbar nach dem Einschalten der Kühlung eine Temperaturschichtung wie schon in den zuvor genannten Messphasen ein (vgl. Kap. 5.1.2.-5.1.4.). Die Absenkung der Raumtemperatur verläuft in beiden Büros trotz des eingeschalteten Ventilators im Raum 2.05 annähernd gleich (s. Abb. 5-18). Die zu erwartende höhere Zugluft in 0,1 m Knöchelhöhe ein Meter entfernt vom Kühlkörper blieb aus. Es konnten keine erhöhten Luftgeschwindigkeiten gemessen werden. Zunächst wurde vermutet, dass der Ventilator falsch angeschlossen war, und die Luft von unten nach oben am Kühlkörper vorbei gesaugt wurde. Durch Rauchproben konnte dies ausgeschlossen werden. Die Idee, die umgekehrte Konvektion zu messen, wurde mit dem Umbau des Ventilators am 16.09.08 ab 10 Uhr realisiert. In Abb. 5-18 ist erkennbar, dass in den bodennahen Luftschichten in 0,1 und 0,6 m Höhe ein Temperatursprung von einem bzw. 0,5 K nach oben stattfand, während die Temperaturen der oberen Luftschichten konstant blieben. Auch hier wirkt sich die Ventilatorunterstützung, gemessen an dem Raumlufttemperaturprofil in einem Meter Entfernung zum Kühlkörper kaum aus. Durch Kippstellung des Fensters durch den Büronutzer im Raum 2.06 konnten am 16.09. ab 14.15 Uhr keine vergleichenden Auswertungen mehr gemacht werden. Aus gleichem Grund können bei der Feuchtebetrachtung in Abb. 5-19 und 5-20 ab dem 16.09.08, um 14.15 Uhr keine gesicherten Aussagen mehr erfolgen und der Bereich nach dem 17.09. wurde nicht weiter betrachtet.

Durch die Störung des Aufheizens im Raum 2.05 und die Übererwärmung des Raumes 2.06 wie zuvor beschrieben wurde auch der Feuchtehaushalt beider Räume beeinflusst. Durch die Übererwärmung mit anschließender Auskühlung über den Flur wurde der Raum 2.06 von anfänglich 14 g/kg $_{tr.\ Luft}$ auf 9 g/kg $_{tr.\ Luft}$ getrocknet. Dahingegen pendelte sich die absolute Feuchte im Raum 2.05 in der Aufheizphase vom 13.09. um 14.15 Uhr bis 14.09., 11.45 Uhr auf 12 g/kg $_{tr.\ Luft}$ ein. Obwohl das Temperaturprofil beider Räume annähernd auf das gleiche Niveau von 30 °C gebracht wurde, betrug die Differenz ihrer Ausgangsfeuchten für den Kühlversuch ab 14.15 Uhr 4 g/kg $_{tr.\ Luft}$ (Abb.5-20) und pendelte sich im Verlauf der Messung auf 1,3 g/kg $_{tr.\ Luft}$ ein. Dies drückt sich auch im Verlauf der relativen Feuchte beider Räume aus. Gut erkennbar in Abb. 5-20 ist, dass durch die Fensteröffnung ab 14.15 Uhr ein Ausgleich der absoluten Feuchte im Raum 2.06 mit der Außenfeuchte stattgefunden hat.

Betrachtet man den Beginn der Abkühlphasen beider Räume mit geschlossenen Fenstern und Türen, so trocknet Raum 2.05 und Raum 2.06 über die Zeit gleich aus. Um dies zu verdeutlichen wurden beide Kurven in Abbildung 5-21 bei gleichem Maßstab um einen Tag zeitversetzt übereinander gelegt. Das Feuchteverhalten beider Räume kann als identisch angesehen werden. Betrachtet man beide unterschiedliche Aufheizphasen (Raum 2.05 geregelt auf 30 °C und Raum 2.06 geregelt auf 38 °C) in Abbildung 5-20 so ist eine absolute Feuchtezunahme mit zunehmender Temperaturerhöhung erkennbar. Wo diese Feuchtigkeit herkommt, muss noch untersucht werden, da die Außenluft absolut gesehen wesentlich trockener ist. Hier gibt es verschiedene Vermutungen: die den Büros gegenüberliegenden studentischen Arbeits- und Seminarräume könnten hoch frequentiert gewesen sein, Feuchtigkeitseintritt durch die Personen, Stofffeuchte aus Desorptions- und Absorptionsvorgängen der Raumumschließungsflächen, Feuchtigkeitsschäden im tiefer gelegenen Gebäudeteil durch das Hochwasser am 26.07.08. In der gesamten Messphase 5 war kein Kondensat an den Kühlflächen festzustellen. Dieser Versuch sollte noch einmal wiederholt werden, da zu viele Parameter innerhalb kürzester Zeit variiert wurden und der Nutzer durch sein Verhalten massiv in den Versuchsablauf eingegriffen hat. Ob eine Ventilatorunterstützung wirklich keinen Einfluss auf die Raumparameter und die Kühlleistung hat, sollte in einem gesonderten Versuch nochmals untersucht werden.

Untersuchung des Einsatzes von
Heizkörpern zur sommerlichen Kühlung

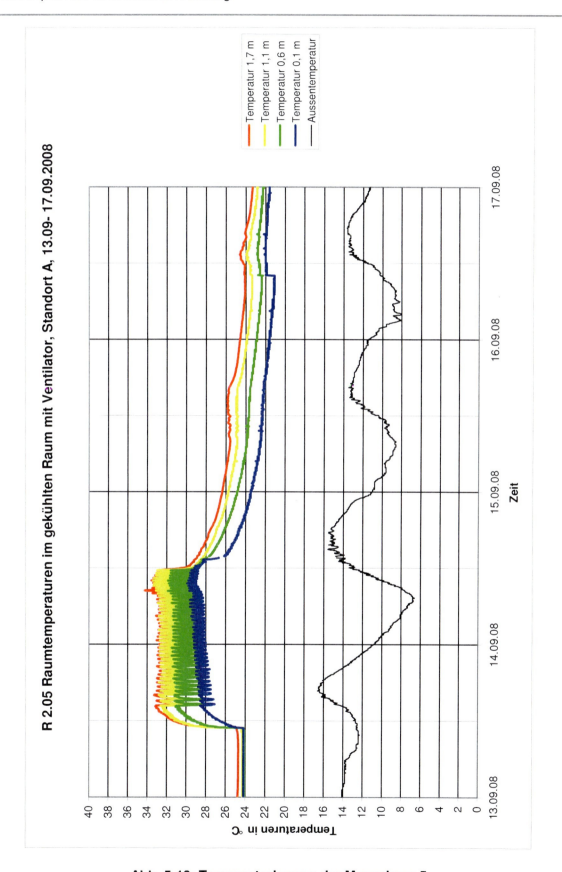

Abb. 5-18: Temperaturkurven der Messphase 5

Untersuchung des Einsatzes von
Heizkörpern zur sommerlichen Kühlung

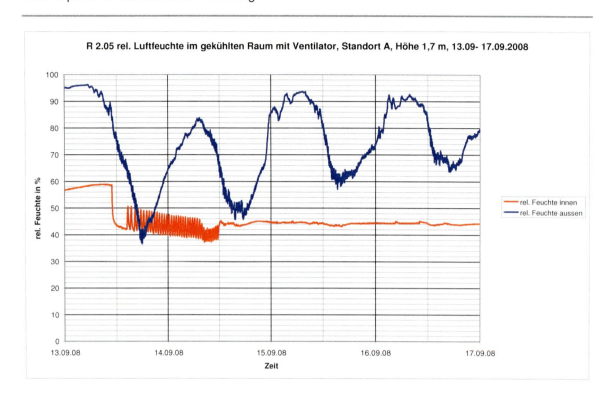

Abb. 5-19: relative Luftfeuchte in der Messphase 5

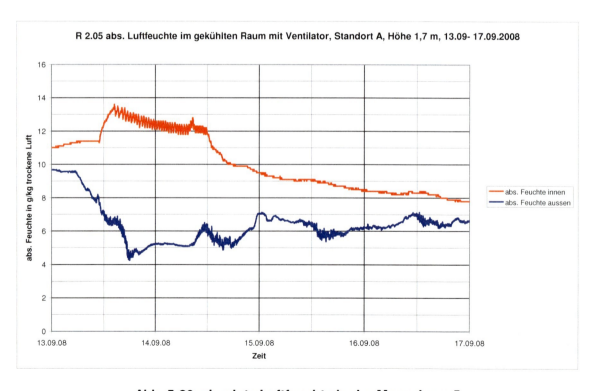

Abb. 5-20: absolute Luftfeuchte in der Messphase 5

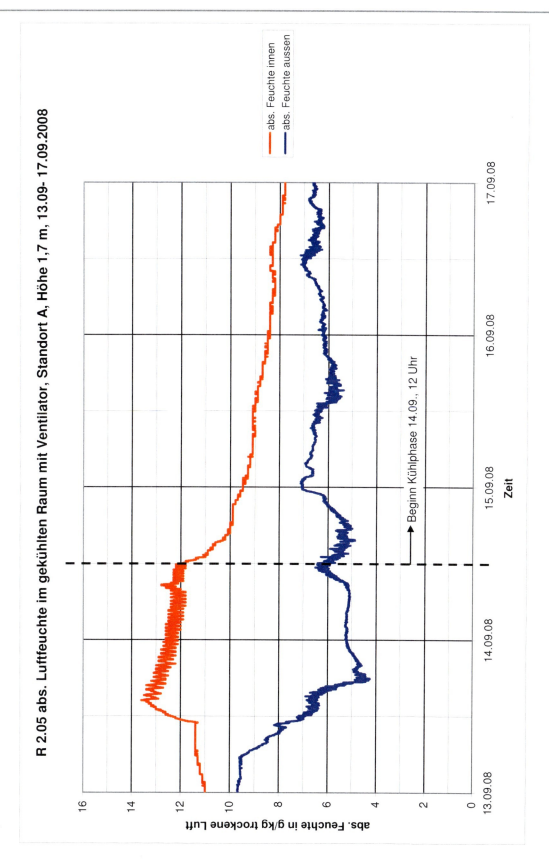

Abb. 5-21: absolute Feuchten während der zeitversetzten Abkühlphasen

5.1.6. Messphase 6 - Befeuchtung

Obwohl theoretisch die Kühlflächen beider Räume in Messphase 5 zumindest beschlagen gewesen sein müssten (vgl. Messphase 2 und Abb. 8-8), dies aber nicht der Fall war, soll in der letzten Messphase 6 ein Befeuchtungsversuch durchgeführt werden. Hierzu wurde zusätzlich zur Aufheizung mittels Heizlüftern wie in Messphase 4 und 5 auch die Luftfeuchtigkeit erhöht, um die Entstehung von Tauwasser zu erzwingen. Dazu wurde ein Ultraschall-Luftbefeuchter im Raum 2.05 aufgestellt. Über einen Zeitraum von 44 Stunden konnten 2,5 Liter Wasser in diesen Raum eingebracht werden.

Nachdem am Freitag, den 19.09.08, das gekippte Fenster im Raum 2.06 geschlossen und das Büro nicht mehr genutzt wurde, konnten um 14.30 Uhr in beiden Räumen die Heizlüfter eingeschaltet und die Raumtemperaturen parallel auf über 30 °C aufgeheizt werden. Gleichzeitig wurde in Raum 2.05 der Ultraschallbefeuchter in Betrieb genommen. Dieser wurde in der Mitte des Raumes in 0,7 m Höhe platziert. Die Luftfeuchte wurde im Winkel von 45° in Richtung Fenster abgegeben. Das Ausgangstemperaturniveau im Raum 2.06 war durch die Fensterlüftung mit 19 °C um 1 K niedriger als im Raum 2.05 mit 20 °C. Die absolute Ausgangsfeuchte lag im Raum 2.06 bei 5 g/kg $_{tr.\ Luft}$ wie auch die der Außenluft. Im Raum 2.05 ohne Fensterlüftung lag die absolute Ausgangsfeuchte bei 6,5 g/kg $_{tr.\ Luft}$. Die relative Feuchte war im Raum 2.06 zu Beginn des Befeuchtungsversuches mit 28 % um 6 % niedriger als im Raum 2.05 mit 34 %. Zu Beginn des Befeuchtungsversuches stieg die absolute Feuchte im Raum 2.05 von 6,5 g/kg $_{tr.\ Luft}$ bis auf 11 g/kg $_{tr.\ Luft}$ um 19 Uhr wesentlich steiler an als im nicht befeuchteten Raum 2.06, was zu erwarten war. Der Wiederabfall der absoluten und relativen Feuchte nach dem Peak um 19 Uhr lässt sich mit dem Leerlauf des Befeuchtungsgerätes erklären. Dieser Peak ist im Raum 2.06 zum gleichen Zeitpunkt nicht zu erkennen, sondern die absolute Feuchte steigt konstant mit Erwärmung des Raumes bis 11 Uhr am nächsten Tag an. Dieser Peak lässt sich durch die Sonneneinstrahlung im Temperaturdiagramm in Abbildung 5-22 erklären. Danach fällt die absolute Feuchte dem Tagesgang entsprechend wieder ab. Die relative Feuchte im Raum 2.05 stieg auf über 40 % wobei die relative Feuchte im nicht befeuchteten Raum 2.06 zunächst um 30 % bis 11 Uhr am nächsten Tag konstant blieb.

Verfolgt man die absolute Feuchtekurve nach dem ersten Leerlaufen der Anlage, so wurde die Befeuchtungsanlage am Samstag um 8.30 Uhr wieder aufgefüllt und die absolute Feuchte im Raum 2.05 steigt steil bis an 13 g/kg $_{tr.\ Luft}$ an. Danach wurde das Befeuchtungsgerät mittels einer Zeitschaltuhr getaktet, um eine Überlastung und ein schnelles Trockenlaufen der Anlage zu verhindern. Am 20.09. um 18.30 Uhr nahm dann die absolute Feuchte wieder ab, da die Anlage sich durch Wassermangel wieder abschaltete. Am nächsten Tag um 8.15 Uhr wurde die Befeuchtungsanlage ein letztes Mal aufgefüllt und unter Kontrolle ohne Zeitschaltuhr bis Einschalten der Kühlung um 10 Uhr betrieben, wobei eine abs. Feuchte von 12 g/kg $_{tr.\ Luft}$ bei einer Temperatur von 28 °C erreicht wurde. Die eingebrachte Feuchte summierte sich auf 2,5 Liter in 44 Stunden. Im nicht befeuchteten Vergleichsraum betrug die absolute Feuchte um 10 Uhr 8,5 g/kg $_{tr.\ Luft}$.

Nach dem Einschalten der Kühlung am 20.09. um 10 Uhr trat sofort wieder die schon aus den zuvor beschriebenen Messphasen bekannte Temperaturschichtung ein und die Temperaturen sanken von 28-29 °C in beiden Räumen auf 21-24 °C am 22.09. um 16 Uhr ab. An beiden Kühlflächen sowohl im befeuchteten als auch im unbefeuchteten Raum trat Kondensat in Form eines leichten Beschlages ohne Tröpfchenbildung auf den Oberflächen der Kühlkörper mit einer Oberflächentemperatur im Mittel von 16 °C auf. Ab 16 Uhr wurde die gesamte Heizanlage durch das Betriebspersonal der Fachhochschule wieder auf Winterbetrieb umgestellt und die Heizanlage im ganzen Gebäude angestellt, ohne das die am Forschungsprojekt Beteiligten Informationen bekamen. Somit wurde im Heizkreislauf gleichzeitig geheizt und auch gekühlt. Dies ist in den Temperaturkurven durch den leichten Anstieg der Temperaturen in Bodennähe zu sehen.

Als Ergebnis dieses Befeuchtungsversuches ist festzustellen, dass sich auch der nicht befeuchtete Büroraum 2.06 dem absoluten Feuchteprofil des befeuchteten Büroraumes 2.05 angleicht und durchschnittlich nur um 1,5 g/kg $_{tr.\ Luft}$ trockener ist als der befeuchtete Raum. Nach Beendigung des Feuchteversuches fand zwischen beiden Räumen ein Dampfausgleich statt. Dies drückt sich auch in den relativen Feuchten beider Räume aus, in dem die rel. Feuchte des zuvor befeuchteten Raumes konstant bei 42 % liegt und die rel. Feuchte des nicht befeuchteten Raumes von 36 % rel. Feuchte auf 40 % rel. Feuchte am 24.09.08 um 0.00 Uhr ansteigt.

Dies ist durch Undichtigkeiten und der Bauweise der leichten Trennwand mit Doppelbeplankung und Schallschutzisolierung (siehe Konstruktionszeichnungen im Anhang) zu begründen. Anzumerken ist, dass dieser Befeuchtungsversuch nicht den realen Klimabedingungen von heißen Sommertagen entspricht und auch nicht die Belegung der Räume einer normalen Büronutzung. Alle zuvor beschriebenen Versuche dienten dazu, die installierte Messanlage zu testen und im Sinne des Forschungsauftrags von Herrn Prof. Rogall Vorversuche für die lange Messphase im Jahre 2009 durchzuführen. Sobald im nächsten Jahr die Heizperiode zu Ende ist und sich ein Klima mit einer heißen Sommerphase einstellt, können die Versuche zum Thema Kühlen mit vorhandenen Heizflächen fortgeführt werden. Die Messanlage lief im gesamten Messzeitraum nach der Installation und der Einregulierung störungsfrei und alle Messwerte sind verwertbar.

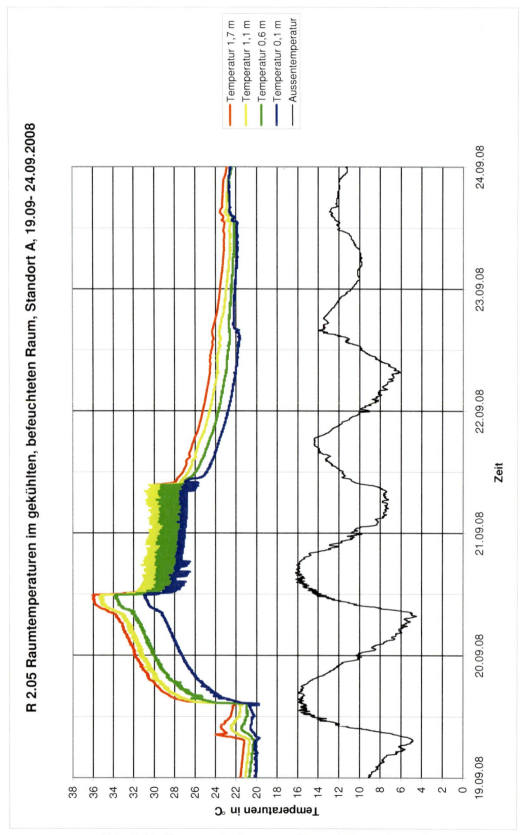

Abb. 5-22: Temperaturkurven während Messphase 6

Untersuchung des Einsatzes von
Heizkörpern zur sommerlichen Kühlung

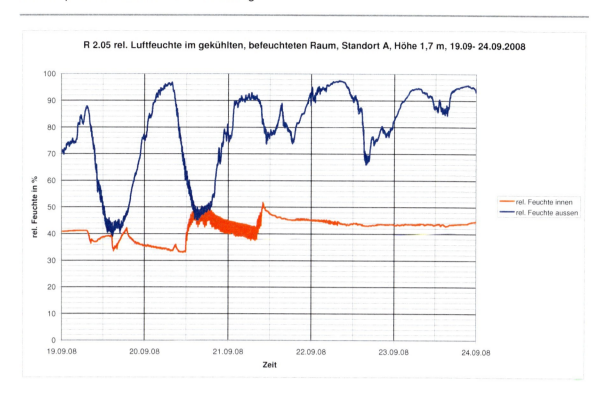

Abb. 5-23: relative Feuchte während Messphase 6

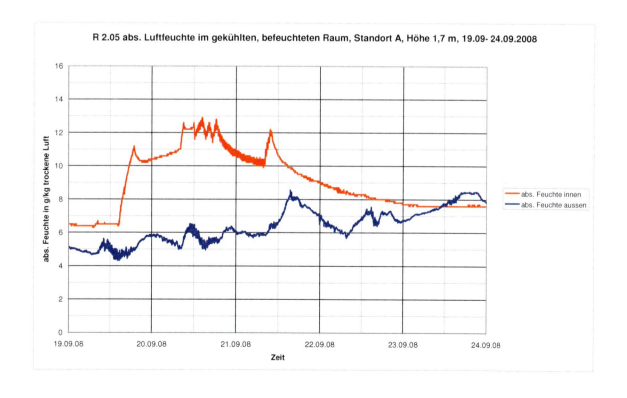

Abb. 5-24: absolute Feuchte während Messphase 6

5.1.7. Messphase 7 – erhöhte Raumnutzung

Das Forschungsvorhaben wurde mit dem Ziel die umgebauten Heizkörper zu Kühlzwecken in längeren heißen Sommerphasen zu testen verlängert. Auch im Messjahr 2009 waren die monatlichen Durchschnittstemperaturen zwar wärmer als die der letzten Jahre, aber eine ausgeprägte Sommerperiode mit Tageshöchsttemperaturen über 30 °C und durchschnittlichen Tiefsttemperaturen von über 20 °C (so genannte Tropennächte) konnten auch in 2009 nicht gemessen werden. Die Messdaten 2009 bestätigten die in 2008 gemessenen Werte, brachten aber keine Ergebnisse bei extremen Sommersituationen. Die in 2008 durchgeführten Versuche mit der künstlichen Aufheizung und anschließender Abkühlungen von Räumen sind von den Büronutzern in 2009 nicht mehr akzeptiert worden, sodass diese Versuche auch nicht wiederholt werden konnten.
Anders als bei den vorher festgelegten Messphasen, bei denen jede Veränderung der einzelnen Einstellungen im Voraus eingestellt war, konnten bei den Messungen 2009 die sich einstellenden Raumkonditionen bei unterschiedlicher Nutzung aufgezeichnet und im Nachhinein ausgewertet werden. So wurde das Raumklimaverhalten bei Kühlung durch zwei Heizkörper im Raum 2.08 während einer Forschungsbesprechung aufgezeigt. Um einen direkten Vergleich zur normalen Büronutzung (2 Personen) zu haben, wurde der Tag zuvor mit gleichen Tagestemperaturen und fast identischem Außenklima als Vergleichstag herangezogen. Am 25. und 26.06. stiegen die in verschiedenen Höhen gemessenen Temperaturen bei einsetzender Sonneneinstrahlung über die Fenster im Raum 2.08 an der Ostseite ab 5.30 Uhr an. Wie schon in den Messphasen in 2008 stellte sich eine Temperaturschichtung über die Höhe ein, wobei die Temperaturen in 1,1 m und 1,7 m Höhe gleich und wie zu erwarten auch am höchsten waren. Die Außentemperatur erhöhte sich mit Sonnenaufgang von ca. 15 °C auf 25 °C im Laufe des Tages an. Dabei stieg die Raumtemperatur am 26.06. bei der Belegung von ca. 7 h durch sieben Personen in allen Schichten um ca. 1,5 K an. Am 25.06. mit einer Belegung von zwei Personen bleiben die Temperaturen im gleichen Zeitraum konstant. Die Temperaturschichtung stellt sich nicht so extrem dar, der Unterschied zwischen 0,1 m und 1,7 m Höhe beträgt 1,7 K und weniger. Die Außentemperatur liegt auch hier im Tagesgang zwischen 15 °C und 25 °C. Alle Besprechungsteilnehmer empfanden das Raumklima in der 7-stündigen Sitzung ohne Unterbrechung als angenehm, da sich die Temperaturschichtung positiv auswirkte. Die kühlere Luft unterhalb der Tische in Knöchelhöhe (0,1 m) und in Sitzhöhe (0,6 m) wurde als sehr angenehm empfunden. Die höheren Raumtemperaturen in 1,7 m und höher wirkten sich dabei nicht störend aus. Besprechungsteilnehmer die kurzfristig die Sitzung verließen, bestätigten beim wieder Eintreten in den Raum ein angenehmeres Klima als im restlichen Gebäude. Vergleicht man die sich eingestellten Temperaturunterschiede, so kann festgestellt werden, dass es durch die innere

Wärmelast von der Personenbelegung nur zu einer geringen Temperaturerhöhung kam, und dies nicht zu einem unbehaglichen Klima führte, welches außerhalb des Behaglichkeitsfeldes im hx/ix- Diagramm lag. Bei allen Messungen, auch in 2008 lagen die Innentemperaturen unterhalb von 26 °C. Im Sommer werden kühlere Temperaturen in Bodennähe (auch im Aufenthaltsbereich im Sitzen) als angenehm empfunden. In keiner Messphase stellte sich ein unangenehmes Gefühl bei den Nutzern der gekühlten Versuchsräume ein. Eine reine Temperaturbetrachtung erklärt noch nicht das angenehme subjektive Behaglichkeitsempfinden der Probanten. Auch das Feuchteverhalten der Versuchsräume im Hinblick auf die rel. Feuchte im Raum spielt für das Behaglichkeitsempfinden eine große Rolle.

Die relative Feuchte im Außenklima nimmt am 25.06. im Tagesgang von ca. 75 % rel. Feuchte bei Sonnenaufgang um 5.30 Uhr auf 45 % rel. Feuchte um 19.30 Uhr ab. Dies ist mit dem normalen Tagesgang eines Sommertages zu erklären (Abb. 5-26). Erwartungsgemäß stieg die absolute Feuchte analog zum Abfall der relativen Feuchte an. Im Vergleich dazu stieg die relative Feuchte am gleichen Tag nach Belegung des Büros um 8.20 Uhr durch zwei Personen leicht an. Um 9.15 Uhr wurde der Fensterflügel links bis zur Mittagspause um 12.30 Uhr geöffnet. Dies bewirkte einen Feuchteanstieg zwischen innen und außen über das geöffnete Fenster. Die rel. Feuchte stieg von 45 % rel. Feuchte auf ca. 54 % rel. Feuchte an (Abb. 5-26), was sich auch bei der abs. Feuchte im Raum ablesen lässt. Bei der Fensteröffnung gleicht sich die abs. Feuchte der Außenfeuchte an und wir haben innen als auch außen annähernd gleiche Werte von ca. 8 g/kg tr. Luft um 9.15 Uhr auf über 10 g/kg tr. Luft um 12.30 Uhr (Abb. 5-27). Das heißt, es fand im Raum eine Befeuchtung von nahezu 2 g/kg tr. Luft über die zuströmende Außenluft statt. Nach Schließung des Fensters um 12.30 Uhr steigt die absolute Feuchte im Raum nicht mehr an und nimmt im Tagesgang bis 0 Uhr konstant um 0,04 g/kg tr. Luft wieder ab und liegt stellenweise oberhalb der absoluten Feuchte außen (von 17-19 Uhr). Im Tagesverlauf wurden maximale relative Feuchten von bis zu 54 % bei einem Temperaturniveau über die Messhöhen von 0,1 m bis 1,7 m mit 22 bis 23,5 °C erreicht. Dieser Luftzustand wurde von den Nutzern schon als unangenehm empfunden, obwohl diese Werte noch innerhalb des Behaglichkeitsfeldes liegen. Anzumerken ist, dass der Raum 2.08 am 25.06.09 über die 2 Heizkörper gekühlt wurde und dass die Temperaturerhöhung durch den Sonnenaufgang ohne Sonnenschutz ab etwa 9.00 Uhr abgelüftet wurde.

In der Nacht zuvor vom 24.06. auf den 25.06 lagen die absoluten Feuchten innen und außen bis zum Sonnenaufgang um ca. 8 g/kg tr. Luft. Im Vergleich dazu stellt sich die abs. Feuchte Innen und Außen in der darauf folgenden Nacht unterschiedlich dar. In der Nacht vom 25.06. auf den 26.06. lag das absolute Feuchteniveau außen um etwa 2 g/kg tr. Luft höher als in der Nacht zuvor. Auch die absolute Feuchte Innen am 26.06. im Raum 2.08 stellt sich am Tag des Belegungsversuches mit einem um etwa 1 g/kg tr. Luft höheres Ausgangsniveau als am Tag zuvor dar.

Das abs. Feuchteverhalten in dem mit sieben Personen belegten Raum 2.08 stellt sich ähnlich dar als am Tag zuvor, an dem der Raum nur mit 2 Personen belegt war. Am 26.06. ab 6.15 Uhr morgens steigt die absolute Feuchte im Raum, bedingt durch den Sonnenaufgang und der damit verbundenen Temperaturerhöhung (kein Sonnenschutz) an. Mit Belegung des Raumes um 8.15 Uhr steigt die absolute Feuchte im Raum kontinuierlich nur leicht an. Auch hier zeigt sich deutlich wie schon bei der Querlüftung am Tag zuvor, dass mit der hier nur kurz durchgeführten Querlüftung (10 min.) ein Feuchteanstieg innen bis annähernd auf Außenniveau von 10 g/kg tr. Luft erreicht wurde. Nach schließen des Fensters sank das Feuchteniveau wieder ab und stieg erst ab 10.00 Uhr kontinuierlich bis auf 11 g/kg tr. Luft um 16.00 Uhr an. Das heißt, dass eine leichte Befeuchtung durch die Personen stattfand. Es ist ein Anstieg der absoluten Feuchte um etwa 1,5 $g_{Wasser}/kg_{tr.Luft}$, zum Zeitpunkt der Besprechung zu verzeichnen, da der Mensch durch seinen Atem und durch Transpiration kontinuierlich Feuchtigkeit an seine Umgebung abgibt. Es ist auch gut zu erkennen, dass kurzzeitige Fenster und Türöffnungen nur geringen Einfluss auf das Feuchte- und Temperaturprofil im Raum 2.08 haben. Erst nach Beendigung der Besprechung gegen kurz nach 15 Uhr sinkt der Feuchtegehalt im Raum wieder langsam ab. Von 13.00 -15.00 Uhr ist keine weitere absolute Feuchtigkeitserhöhung festzustellen, dass sich ein Gleichgewicht zwischen Wärmeeintritt und Kühlung mit einer relativen Feuchte um 54 % und eine Temperatur von 25 °C eingestellt hat. Bemerkenswert ist auch hier, dass der äußere Rand vom Behaglichkeitsfeld erreicht, aber nicht überschritten wurde.

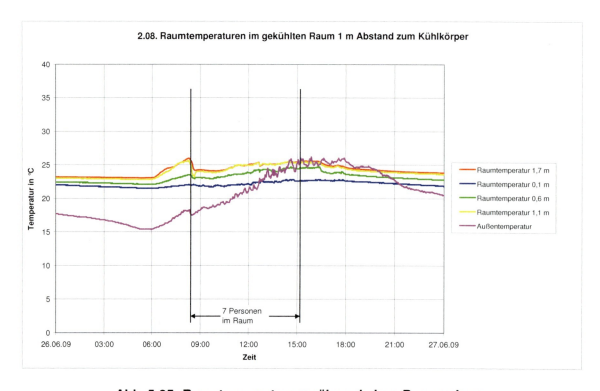

Abb. 5-25: **Raumtemperaturen während einer Besprechung**

Untersuchung des Einsatzes von
Heizkörpern zur sommerlichen Kühlung

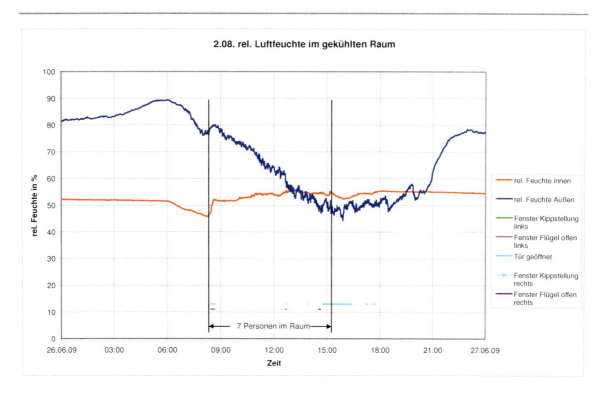

Abb. 5-26: relative Luftfeuchte während einer Besprechung

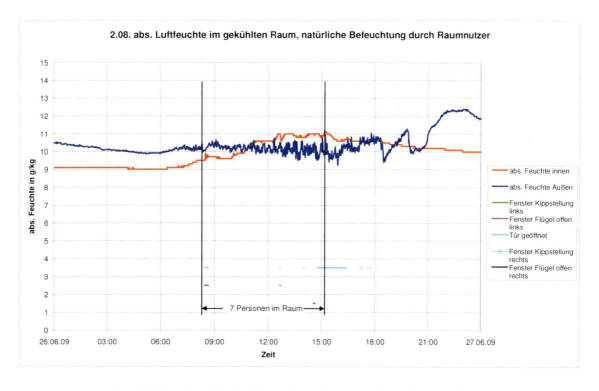

Abb. 5-27: absolute Luftfeuchte während einer Besprechung

5.1.8. Messphase 8 – Kondensatbildung

Nachdem im Sommer 2008 die Messdatenerfassungsanlage aufgebaut und einige Messphasen durchgeführt worden waren, sollten im Jahr 2009, aufbauend auf den Ergebnissen von 2008 nach Verlängerung des Forschungsvorhabens, noch weitere Daten aufgezeichnet werden. In der Hoffnung, weitere Erkenntnisse bei heißeren Sommerphasen im Jahr 2009 zu gewinnen, sollten einzelne Versuche unter natürlichen Bedingungen wiederholt werden. So wurde die Vorlauftemperatur in der ersten Juliwoche auf einen Minimalwert von etwa 11 °C gebracht und bewusst unterhalb der Taupunkttemperatur gehalten, um die Kondensation an der Kühlkörperoberfläche zu erzwingen. Kondensatwannen unterhalb der Kühlkörper wurden dann in regelmäßigen Abständen geleert und die Menge des entstandenen Kondensats gemessen.

Wie auch in den vorangegangenen Messphasen stellte sich auch bei dem hier durchgeführten Kühlversuch eine Temperaturschichtung in den einzelnen Luftschichten ein. Im gekühlten Raum 2.06 erreichte die Temperatur am 05.07. in Kopfhöhe ein Maximum von etwa 28,3 °C. Zu diesem Zeitpunkt wies die Knöcheltemperatur jedoch nur einen Wert von 22,7 °C auf und lag damit leicht unter dem Niveau der Außentemperatur von 23 °C, welche aber bedingt durch die Sonneneinstrahlung im Verlauf des Tages auf 28 °C anstieg (vgl. Abb. 5-31). Die höchste Außentemperatur konnte am 03.07. gemessen werden, als der Wert über 32 °C lag. Trotz dieses Spitzenwertes erhöhte sich die Temperatur im gekühlten Büro 2.06 in Kopfhöhe auf annähernd 27 °C, während die untere Luftschicht mit 22 °C deutlich darunter lag. Bedingt durch diese Temperaturschichtung wurde das Raumklima deutlich angenehmer empfunden als die Lufttemperaturen zur gleichen Zeit im ungekühlten Raum 2.05, dessen geringe Spreizung von 2 K auf die Sonneneinstrahlung zurückzuführen ist. Über die ganze Messphase gesehen kann gesagt werden, dass die Temperaturen des ungekühlten Büros mit den Werten der oberen Luftschichten des gekühlten Büros übereinstimmen. Daraus ist ersichtlich, dass der Kühlkörper im Büro 2.06 einen großen Einfluss auf die Lufttemperatur in Knöchel- und in Sitzhöhe hat und den Aufenthalt in den unteren Luftschichten erheblich angenehmer macht.

In diesem Versuch wurde die Menge des entstandenen Kondensats bei der tiefsten, sich am Kühlkörper einstellenden Oberflächentemperatur gemessen und protokolliert. Deshalb wurden vom 01.07. bis 08.07.09 die Kondensat- Auffangwannen unterhalb der Kühlkörper täglich geleert, und das entstandene Kondensat über einen Zeitraum von 24 Stunden gemessen und aufgezeichnet (siehe Abbildung 8-10 im Anhang). In Tabelle 6 sind die Tagesmengen des Kondensats aufgelistet, die während der Messphase 8 an den einzelnen Kühlkörpern entstanden sind (eine Kühlfläche im Raum 2.06, 2 Kühlflächen im Doppelbüro 2.08). In der letzten Zeile der Tabelle sind die absoluten aufsummierten Kondensationsmengen über den gesamten Messzeitraum aufgezeigt.

Untersuchung des Einsatzes von
Heizkörpern zur sommerlichen Kühlung

Datum	Zeitpunkt der Messung	Raum 2.06	Raum 2.08 linker Kühlkörper	Raum 2.08 rechter Kühlkörper
01.07.-02.07.09	15:30 Uhr	910 ml	587 ml	407 ml
02.07.-03.07.09	15:30 Uhr	425 ml	564 ml	378 ml
03.07.-06.07.09	15:30 Uhr	1592 ml	1524 ml	1036 ml
06.07.-07.07.09	15:30 Uhr	381 ml	294 ml	146 ml
07.07.-08.07.09	14:30 Uhr	273 ml	183 ml	78 ml
01.07.-08.07.09		3581 ml	3152 ml	2045 ml

Tabelle 6: Kondensatmengen während Messphase 8

Mit einer Vorlauftemperatur am Kühlkörper von 11 °C (die niedrigste sich einstellende Vorlauftemperatur im System) und Oberflächentemperaturen von 11,9 bis 12,5 °C bei einem Volumenstrom von 5,5 l/min wurde der Taupunkt unterschritten und es kam zu Kondensatbildung an der Kühlkörperoberfläche (Plattenheizkörper). Am 01.und 02.07. war die Kondensatmenge im Einzelbüro 2.06 durchschnittlich höher als die an den Kühlkörpern im Doppelbüro 2.08. Dies lag daran, dass im Einzelbüro das Fenster von 9.00 Uhr am 01.07. bis 15.15 Uhr am 02.07. offen stand und somit ein kontinuierlicher Feuchteeintrag gab. Am Kühlkörper bildete sich erheblich mehr Kondensat als an den Kühlkörpern im Raum 2.08, wo zur gleichen Zeit die Fenster geschlossen waren. Die unterschiedlichen Kondensatmengen an den beiden Kühlflächen links und rechts im Raum 2.08 sind durch die unterschiedliche Belegung der Schreibtisch- Arbeitsplätze zu erklären. Wie in den Fotos in Anlage 1 zu sehen, stehen die Schreibtische in der Nähe der Fenster und somit auch in direkter Nähe zu den Kühlflächen. Der Arbeitsplatz vor der Kühlfläche links war kontinuierlich besetzt, wodurch sich die Feuchtequelle „Mensch" in der Nähe der linken Kühlfläche aufhielt und diese beaufschlagte. Hierdurch sind die unterschiedlichen Kondensationsmengen der beiden Kühlflächen links und rechts im Raum 2.08 zu erklären, denn beide waren gleich einreguliert. Anzumerken ist, dass das Doppelbüro 2.08 das doppelte Raumvolumen aufweist als das Einzelbüro 2.06 und alle sichtbaren Vor- und Rücklaufleitungen diffusionsdicht isoliert wurden. An den nicht gedämmten Bereichen wie Decken- und Wanddurchbrüchen, die brandschutztechnisch verschlossen sind, kam es während des gesamten Forschungsvorhabens nie zu Kondensationsniederschlägen innerhalb der Baukonstruktionen.

In dieser Messphase mit Taupunktunterschreitung und Kondensatbildung an den Kühlflächen wurde auch die Schimmelpilzbildung untersucht. Zwei Tage nach der Taupunktunterschreitung konnten an den waagerechten Kanten der zu Kühlflächen umfunktionierten Plattenheizkörpern erste Schimmelpilzbildungen in Form von Stecknadelkopf großen Punkten festgestellt werden (siehe Abb.5-28).

Abb 5-28: Schimmelpilzbildung an der Oberseite des Kühlkörpers, jedoch nicht an den senkrechten Flächen

Zu erwähnen ist, dass die Kühlflächen während des gesamten Versuchs nie geputzt (auch vor Beginn nicht) oder getrocknet wurden. Nach 4 Wochen waren alle waagerechten Flächen und die Lamellenzwischenräume, wo sich Hausstaub abgelagert hat mit Schimmelpilzfasern überzogen (siehe Abb. 5-29).

Abb 5-29: Schimmelbildungen nach 4 Wochen an Oberseite und Lamellenzwischenräumen

An allen senkrechten Flächen wurden trotz des permanenten Niederschlages keine Schimmelpilze festgestellt (siehe Abb. 5-28). Solange die Schimmelpilzsporen auf der Oberfläche des Kühlkörpers durch das Kondensat gebunden waren, bestand für die Büronutzer keine Gefahr die Sporen über die Atemwege aufzunehmen. Um auszuschließen, dass nach Beendigung des Kondensatversuchs durch das Trocknen der Kühlflächen Schimmelpilzsporen über die Atemwege Personen gesundheitlich gefährden, wurden nach 4 Wochen alle mit Schimmel befallenen Flächen gereinigt und desinfiziert. Um das Wachstum der Sporen weiter untersuchen zu können, sind zuvor Abklatschproben entnommen und im Hochschuleigenen Chemielabor auf Nährböden 10 Tage lang im Brutschrank auf Koloniebilde Einheiten (KBE´s) untersucht worden. Es konnten nur zwei unterschiedliche Schimmelpilzarten wie sie im normalen Hausstaub vorkommen festgestellt werden.

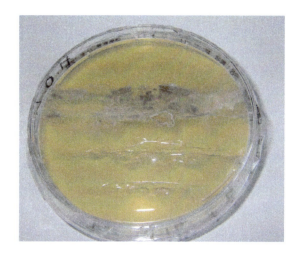 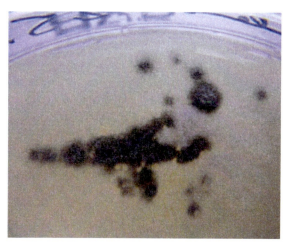

Abb. 5-30: Entnommene Abklatschproben nach 10 Tagen Brutschrank

Die Messphase 8 bestätigt, dass das hier vorgestellte Kühlsystem eher träge auf Kondensatbildung und damit auch auf Schimmelentstehung reagiert. Es zeigt sich, dass vom Hausstaub gereinigte Flächen, obwohl feucht, innerhalb der 4 Wochen des Versuches Schimmelpilz frei blieben. Alle waagerechten Flächen jedoch wiesen schon nach 2 Tagen durch Sporen in der Hausstaubbelastung erste Schimmelpilzbildungen auf. Bei allen Messreihen dieses Forschungsprojektes stellte sich heraus, dass mit einem Taupunktwächter mit einer maximalen Oberflächentemperatur von 16 °C Kondensat und somit auch Schimmelpilzbildungen vermieden werden kann. Kurzfristige Taupunktunterschreitungen benetzen die Kühlflächen, trocknen aber nach kurzer Zeit wieder aus. Korrodierte Stellen konnten am umfunktionierten Heizkörper während der gesamten Laufzeit des Forschungsvorhabens nicht festgestellt werden, da die Heizkörperlackierung diese gut versiegelte. Lediglich an den Verschraubungen von Vor- und Rücklauf und an den rückwärtig nicht lackierten Stellen der Stahlrohre direkt am Heizkörper setzte sich Korrosion an. Dies geschieht nur im Kühlbetrieb, wenn korrosionsanfällige Rohrmaterialien nicht beschichtet sind.

Untersuchung des Einsatzes von Heizkörpern zur sommerlichen Kühlung

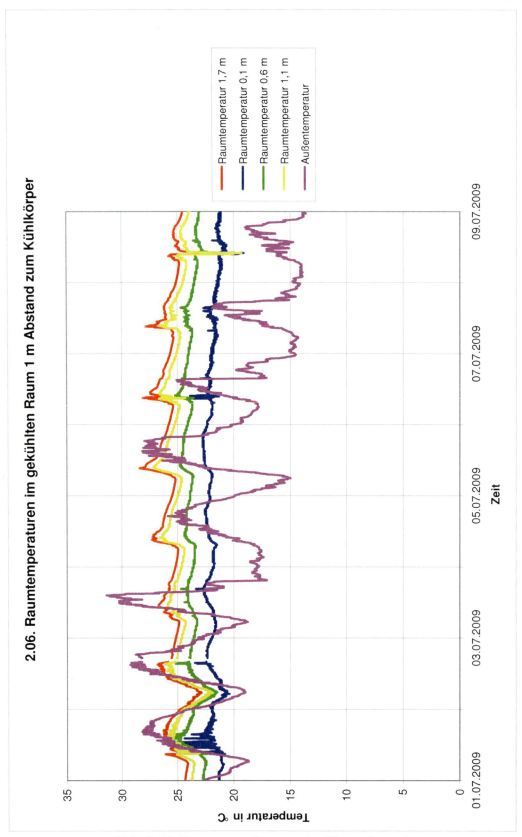

Abb. 5-31: Temperaturkurven der Messphase 8

Untersuchung des Einsatzes von
Heizkörpern zur sommerlichen Kühlung

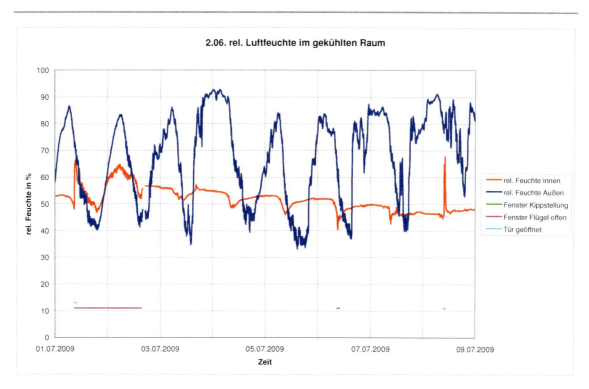

Abb. 5-32: relative Luftfeuchte der Messphase 8

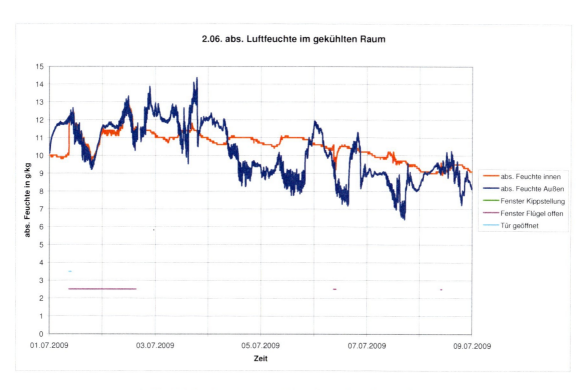

Abb. 5-33: absolute Luftfeuchte der Messphase 8

5.1.9. Messphase 9 – Erhöhung der Vorlauftemperatur

In der Messphase 9 wurde wie schon in der Messphase 3 der Taupunkt beachtet und die Kühlflächentemperaturen immer oberhalb des Taupunktes gehalten um auszuschließen, dass sich Kondensat bilden kann. Hierbei sollte erneut ermittelt werden welche Kühlwirkung sich unter diesen Bedingungen im Raum 2.08 einstellte. Dieser Versuch bestätigte alle Aussagen der Messphase 3 und somit wurde die hier aufgeführte Messphase 9 nicht weiter ausgewertet. Zusätzlich wurde hier noch die Globalstrahlung mit aufgezeigt um die Intensität des Wärmeeintrags über die Fenster ohne Sonnenschutz einschätzen zu können. Die zur Messphase 9 gehörenden Kurven sind in den Abbildungen 5-34 bis 5-36 zu finden.

In allen Messphasen und bei allen gesammelten Daten stellte sich als Ergebnis heraus, dass die zu Kühlflächen umfunktionierten Heizkörper die nicht unerhebliche Wärmebelastung durch die Sonneneinstrahlung über die Fenster bei nicht betätigtem Sonnenschutz ausgleichen kann und es stellte sich heraus, je höher die Wärmelast im Raum bzw. die Temperaturdifferenz zwischen Raumluft und Kühlfläche ist, je mehr Wärme wurde auch über die Kühlfläche abgeführt. Die Grenzsituation, dass die „Kühlanlage" an Ihre Grenzen stieß wurde in allen Versuchen nicht erreicht. Dies liegt aber daran, dass die zu Heizzwecken geplante Anlage eher überdimensioniert ist. Einen signifikanten Unterschied der Kühlleistung zwischen Taupunkt überwacht oder nicht konnte nicht festgestellt werden. Die Messphase 9 bestätigt somit noch mal die schon zuvor gemachten Aussagen.

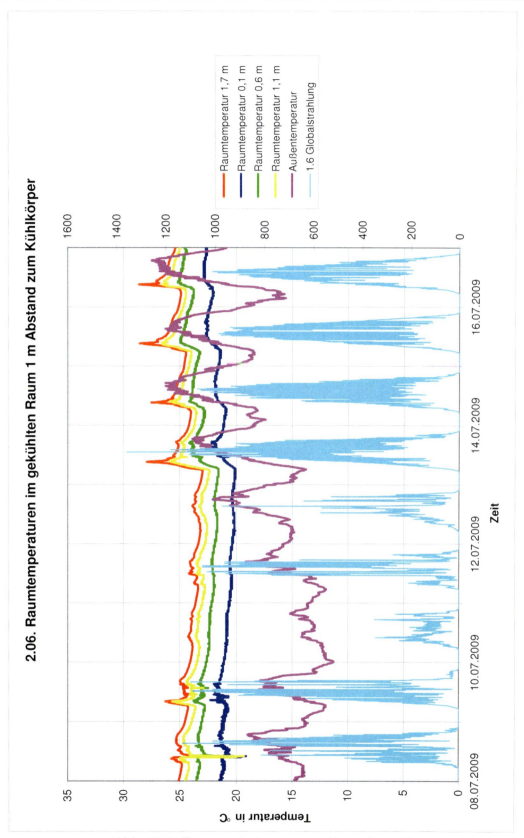

Abb. 5-34: Temperaturkurven der Messphase 9

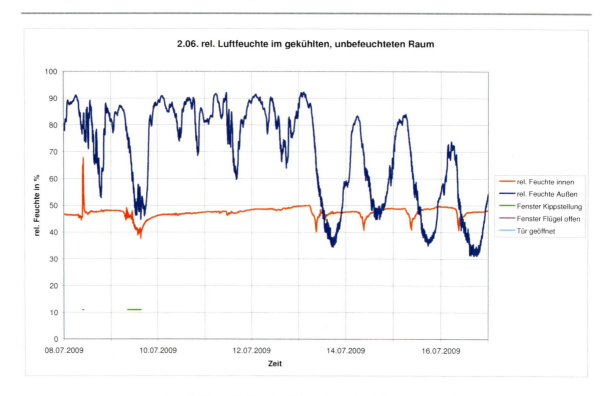

Abb. 5-35: relative Luftfeuchte der Messphase 9

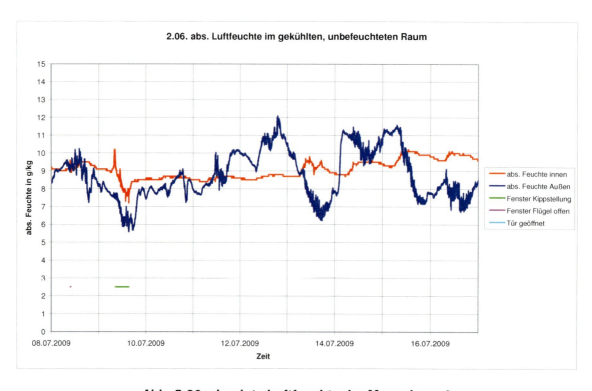

Abb. 5-36: absolute Luftfeuchte der Messphase 9

6. Zusammenfassung

In diesem vom Bundesbauministerium geförderten Forschungsvorhaben: „**Untersuchung vorhandener Heizflächen wie Radiatoren, Konvektoren und Plattenheizkörpern auf ihre Verwendbarkeit zur sommerlichen Kühlung im Wohnungsbau**" unter der Projektleitung von Herrn Prof. Rogall wurden vorhandene Plattenheizkörper eines Zweirohrsystems mit Kaltwasser beschickt um den sich einstellenden, realen Kühleffekt zu messen. Dabei ging es grundsätzlich um die Frage: „Kann man mit Heizkörpern temporär auch Kühlen?" Vor dem Hintergrund des Jahrhundertsommers 2003 in dem besonders ältere und pflegebedürftige Menschen unter der enormen Hitze litten und in Paris viele Hitzeopfer zu beklagen waren, sollte geklärt werden, ob mit Kälte aktivierten Heizkörpern Überhitzungen von Räumen, wie sie durch den Klimawandel zukünftig zu erwarten sind, vermieden werden können. Im Gebäude der Fachhochschule Dortmund im Ostflügel des Fachbereiches Architektur wurde ein Heizkreislauf über das Fernkältesystem mit Kälte beschickt. In zwei Versuchsräumen und einem Referenzraum ohne Kühlung wurde das Temperatur- und Feuchteverhalten in den Sommerphasen von Juli bis September untersucht.

In allen durchgeführten Messreihen stellte sich nach kurzem Betrieb der Kühlkörper (umfunktionierte Plattenheizkörper) eine Temperaturschichtung in den nach DIN EN ISO 7726 gemessenen Höhen ein. Die durchschnittliche Temperaturspreizung zwischen Knöchel- und Kopfhöhe lag bei 5 Kelvin. Dies wurde an warmen Sommertagen von allen Probanden als sehr angenehm empfunden. Besonders im unteren Bereich eines Raumes, in dem in Büros die Arbeitsplätze und in Pflegeeinrichtungen wie Krankenhäuser und Pflegeheime die Betten angeordnet sind, ist diese Temperaturschichtung von großem Nutzen. Auch an heißen Sommertagen lagen die maximalen gemessenen Raumtemperaturen in Kopfhöhe lediglich bei etwa 26 °C und somit noch am Rande des Behaglichkeitsfeldes. Anzumerken ist hierbei, dass der außen liegende Sonnenschutz nicht betätigt wurde, um eine natürliche Wärmebelastung durch die morgendliche Sonneneinstrahlung zu haben. In allen Versuchen stellte sich heraus, dass diese Wärmebelastung durch die Kühlflächen kompensiert wurde. Aus den gemessenen Werten konnte eine Kühlleistung von rund 180 Watt pro Kühlfläche (ca. 0,59 m²) ermittelt werden. Allgemein kann festgestellt werden, dass je höher die Tageshöchsttemperaturen mit direkter Sonneneinstrahlung waren, desto größer war auch die Kühlleistung des umgebauten Heizkörpers.

Der sich einstellende Kühleffekt wurde zwar von allen Probanden als positiv dargestellt, jedoch konnten einige der geplanten Messungen in beiden Sommerperioden 2008 und 2009 nicht wie geplant durchgeführt werden, da eben diese Probanden durch ihr Verhalten zum Scheitern einiger der Experimente beitrugen. Auf das Verhalten der Büronutzer im Hinblick auf Lüftungsgewohnheiten konnte kein Einfluss genommen werden. Auch durch Aufklärung mit

Messergebnissen, wobei gezeigt wurde, dass die Raumluft durch Lüftung über geöffnete Fenster und Türen durch die Außenluft an heißen Sommertagen aufgeheizt und befeuchtet, anstatt abgekühlt wurde, gab es kein anderes Nutzerverhalten. So wurde zwar die Nähe zu den kalten Flächen in Schreibtischnähe gesucht, aber die sich einstellende, als angenehm empfundene Temperaturschichtung wurde bei falsch betriebener Lüftung durch Turbulenzen zerstört. Die Büronutzer meinten wenn das Fenster oder die Tür geöffnet wurde sei die Luft „angenehmer und frischer". Das sog. „Frischegefühl" war bei allen Nutzern ausgeprägter als das Behaglichkeits-Temperaturempfinden. Auch bei Kühlbetrieb war eindeutig festzustellen, dass eine kurzzeitige Querlüftung wesentlich effektiver und energiesparender ist und besser funktioniert als eine Dauerlüftung über ein gekipptes Fenster. Bei Kippstellung egal ob mit oder ohne Kühlung fühlten sich die Nutzer wohler.

Um reale Bedingungen ähnlich wie im Wohnungsbau, messen zu können, wurde der Sonnenschutz bewusst nicht betätigt um eine Aufheizung der Räume zu erzwingen. Es wurden zwei Büroräume Raum 2.05 und 2.06 in der zweiten Etage des Gebäudes ausgewählt, die nur temporär genutzt wurden. In diesen Räumen und in einem weiteren Vergleichsraum ist eine Messdatenerfassungsanlage mit Temperatur- und Feuchtesensoren nach DIN EN ISO 7726 und auf dem Dach eine Wetterstation installiert worden. Insgesamt wurden neun Messphasen durchgeführt. In Messphase 1 wurden Vorabmessungen mit Hygro-Thermographen gemacht, die einen Überblick über das Temperatur- und Feuchteverhalten des Gebäudes gaben. Eine natürliche, sommerliche Aufheizung über die Ostfassade wurde in Messphase 2 messtechnisch in einem gekühlten (Vorlauftemperatur konstant 13 °C) und einem ungekühlten Raum festgehalten. In Messphase 3 wurde zunächst die Vorlauftemperatur des Kühlsystems auf 16 °C erhöht, um Kondensat am System zu vermeiden. Im weiteren Verlauf dieser Messphase wurde die Kühlung im Raum 2.05 wieder ausgestellt, um die natürliche Wiedererwärmung des zuvor gekühlten Raumes festzuhalten.

Der Sommer 2008 zeichnete sich zwar durch eine um 1 K höhere Durchschnittstemperatur gegenüber dem Vorjahr aus, aber eine heiße Sommerperiode mit Tageshöchsttemperaturen oberhalb von 30 °C und so genannte Tropennächte, bei der die Außentemperatur nicht unter 20 °C sinkt, waren nicht zu verzeichnen. Daraufhin wurden einige der in 2008 durchgeführten Messreihen im Sommer 2009 wiederholt. Um eine heiße Sommerphase simulieren zu können, sind die Räume 2.05 und 2.06 in Messphase 4 durch Lufterhitzer künstlich aufgeheizt worden. Eine Kühlung mit und ohne Ventilatorunterstützung über dem Kühlkörper erfolgte in den Versuchen der Messphase 5. Um ein Feuchteniveau analog zum Wohnungsbau, wo durch Pflanzen, Badnutzung, Kochen und dem Nutzer selbst eine höhere Luftfeuchtigkeit in Räumen entsteht, simulieren zu können, wurde in der letzten Messphase im Jahr 2008 eine Befeuchtung über einen Ultraschall-Luftbefeuchter vorgenommen. Einige Versuchsreihen wurden in Verlängerung dieses Forschungsvorhabens in der Hoffnung auf heißere Sommerperioden im Jahr 2009 wiederholt, aber nicht weiter ausgewertet, da sich keine anderen Messergebnisse bei idealeren sommerlichen Bedingungen eingestellt haben. In allen Messreihen stellte sich heraus, dass durchaus mit Heizkörpern gekühlt werden kann, wenngleich eine höhere Kühlleistung bei höheren Temperaturdifferenzen zwischen Außen- und Innentemperatur zu erwarten ist (vgl. Sommertag 31.07.08). Nach Beginn des Kühlbetriebs stellte sich relativ schnell in allen Versuchen eine Temperaturschichtung über die Raumhöhe ein, die im unteren Bereich, wo sich der Mensch aufhält, als angenehm behaglich erwies. Es ist durchaus möglich, bei niedrigen Vorlauftemperaturen von 13 °C und weniger, bei einer Oberflächentemperatur des Heizkörpers von 15 – 16 °C, in den Bereich der feuchten Kühlung mit Tauwasseranfall zu kommen. Es hat sich herausgestellt, dass die aufgefangenen Kondensattropfen zum Teil sofort wieder verdunsteten, da die relative Feuchte in den Räumen immer sehr niedrig war. Vom 2. bis 3.07.09 konnten etwa 500 ml Kondensat pro Kühlfläche innerhalb von 24 Stunden gemessen werden. Bei den Versuchen mit künstlicher Erwärmung konnte ein absoluter Feuchteanstieg erfasst werden, der sich aus der Nutzung des Gebäudes nicht eindeutig erklären lässt. Bei dem durchgeführten Befeuchtungsversuch stellte sich heraus, dass zwischen den beiden Versuchsräumen ein Dampfausgleich und Feuchteausgleich über die leichte Trennwand stattfand. Die Ventilatorunterstützung über die Kühlfläche brachte keine signifikante Erhöhung der Kühlleistung. Dies ist durch die geringe Temperaturdifferenz zwischen der Oberflächentemperatur und der Lufttemperatur und den Wärmeübergangswiderständen an den Oberflächen zu erklären.

Als Ergebnis kann gesagt werden, die vom Heizbetrieb bekannten, negativen Auswirkungen des Nutzerverhaltens auf den Energieverbrauch werden sich bei Kühlbetrieb, wenn in Deutschland durch die Klimaveränderung immer mehr Immobilien aktiv gekühlt werden sollten, noch drastischer auswirken, da sich positiv einstellende Parameter hierbei noch sensibler auf Störgrößen reagieren. Es hat sich herausgestellt, dass ein zur Kühlung umfunktioniertes Heizsystem sich temporär auch zur Kühlung eignet, wobei die Leistung von der Größe der Heizfläche abhängt. Eine Klimaanlage kann so ein System nicht ersetzen, da die Leistung zu schwach ist. Durch den Kältebetrieb von Heizkörpern ist man durchaus in der Lage kürzere Hitzeperioden zu überbrücken. Bei Bereitstellung von Kälte wie zum Beispiel durch umweltfreundliche Wärmepumpensysteme, solarer Kälteanlagen oder Fernkälte kann ein behaglicheres Raumklima geschaffen werden, dass gerade im Aufenthaltsbereich im unteren Bereich der Räume und in der Nähe der kalten Flächen als besonders angenehm empfunden wird und alte und pflegebedürftige Menschen nicht mehr gesundheitsgefährdet sind. Die in den Hinweisen für Pflegekräfte, Heimleitungen und Hausärzte 2004 herausgebrachten Leitfaden: "Gesundheitsrisiken bei Sommerhitze für ältere und pflegebedürftige Menschen vom Landesgesundheitsamt Baden-Württemberg herausgegebener Vorschlag „feuchte Tücher in den Räumen" aufzuhängen ist keine gute Lösung, da der Kühleffekt gering und die als sehr unangenehm und belastende relative Feuchte erhöht wird. Bei dem Betrieb der Heizanlage zur aktiven Kühlung kann es unterhalb von 16 °C zu Kondensationsbildung kommen, die durch Taupunktwächter vermieden werden könnte.

Normalerweise sind alle Rohrleitungen und Heizflächen gut beschichtet oder aus nicht rostenden Materialien, so dass es nicht zu Korrosionsschäden kommen kann. In unseren Versuchen rosteten die nicht gestrichenen Stellen der Rückseiten der Heizungsrohre. Innerhalb der Trennwände, an den Armaturen und an den Heizflächen konnten keine Roststellen verzeichnet werden. Auch an den Deckendurchbrüchen, wo keine Rohrdämmung vorhanden war haben sich ebenfalls keine Roststellen gezeigt. Es wird empfohlen wenn die Heizleitungen nicht gedämmt sind, diese mit einer dampfdichten Isolierung, wie es sie für Kälteleitungen gibt, zu versehen. Um die Leistung und den Kühleffekt zu vergrößern könnten Wasser durchspülte, mobile Kühlkörper mit großer Oberfläche über flexible Schläuche an der Heizfläche zusätzlich angeschlossen werden.

7. Quellenangaben

7.1. Literaturverzeichnis

[1] Kompass Kompetenzzentrum Klimafolgen und Anpassung
http://www.anpassung.net

[2] Die Zukunftsszenarien B1, A1B und A2 wurden vom zwischenstaatlichen Ausschuss für Klimaänderungen (IPCC) definiert und beschreiben sich unterschiedlich entwickelnde Welten. Im Ergebnis unterschiedlicher Entwicklungen steigen die globalen Kohlendioxid (CO_2)-Emissionen in allen Szenarien bis 2050 an auf etwa 9, 16 bzw.17 GtC (Gigatonnen, eine Gigatonne = 1000 Tonnen CO_2). Anschließend sinken sie in B1 unter die Werte von 1990 und in A1B auf 13 GtC. In A2 steigen sie ungebremst auf fast 30 GtC. Die entsprechenden CO_2-Konzentrationen betragen im Jahr 2100 etwa 540, 710 bzw. 840 ppm CO_2. Zum Vergleich: die CO_2-Konzentration lag 1880 bei etwa 280 ppm und hat momentan 381 ppm CO_2 erreicht

[3] Globaler Klimawandel - Klimaschutz 2004. Siehe
http://www.umweltdaten.de/publikationen/fpdf-l/2695.pdf

[4] DIN ISO 7730

[5] Taschenbuch der Messtechnik, Jörg Hoffmann

[6] http://www.baunetz.de/sixcms_4/sixcms/detail.php?template_id=8393
Seminar Thermische Behaglichkeit

[7] Kerslake, D.: "The stress of hot environments", Cambridge University Press, 1972.

[8] DIN 1319-2

[9] H. Hermann Ehlers GmbH

[10] Thies Clima, Adolf Thies GmbH & Co. KG

[11] Taschenbuch für Heizung + Klima Technik, Recknagel, Sprenger, Schramek

[12] Ahlborn Mess- und Regelungstechnik GmbH

7.2. Abbildungsverzeichnis

Abb. 1-1: Jahreshöchstabflüsse an den Pegeln der Elbe und des Rheins ..... - 2 -
Abb. 1-2: Jahresmitteltemperatur in Deutschland 1901-2003 ..... - 3 -
Abb. 1-3: Kohlendioxid-Trend auf dem Schauinsland, 1972-2005 ..... - 4 -
Abb. 1-4: Emissionen von Kohlendioxid (CO2) in Mt ..... - 5 -
Abb. 1-5: Zeitlicher Verlauf der Lufttemperatur in Deutschland ..... - 7 -
Abb. 1-6: Wintertemperatur (°C) (links) und Temperaturanstieg ..... - 7 -
Abb. 1-7: Veränderung der Frosttage, heißen Tagen und Tropennächte ..... - 8 -
Abb. 1-8: Veränderung der Frosttage, heißen Tagen und Tropennächte ..... - 9 -
Abb. 1-9: Niederschlagstrend für Deutschland ..... - 9 -
Abb. 1-10: Veränderung der Sommerniederschläge ..... - 10 -
Abb. 2-1: Hüllentheorie nach Max Mengeringhausen ..... - 13 -
Abb. 2-2: Leistungsabgabe des Menschen ..... - 14 -
Abb. 2-3: Wärmedurchlasswiderstand der Bekleidung ..... - 15 -
Abb. 2-4: PPD in Abhängigkeit des PMV ..... - 16 -
Abb. 2-5: Beispiele für verschiedene Raumluft- Temperaturprofile ..... - 17 -
Abb. 2-6: empfundene Temperatur in kalter Umgebung ..... - 18 -
Abb. 2-7: empfundene Temperatur in warmer Umgebung ..... - 18 -
Abb. 2-8: Körpertemperatur in warmer und kalter Umgebung ..... - 19 -
Abb. 2-9: Behaglichkeitsfeld in Abhängigkeit der Oberflächen- und Lufttemperaturen ..... - 19 -
Abb. 2-10: doppeltes Adersystem der menschlichen Haut ..... - 20 -
Abb. 2-11: Behaglichkeitsfeld in Abhängigkeit der rel. Feuchte und Temp. ..... - 21 -
Abb. 2-12: Behaglichkeitsfeld für Luftgeschwindigkeiten und Temperaturen - 22 -
Abb. 2-13: Ermittlung der Werte von Punkt A im h,x-Diagramm ..... - 24 -
Abb. 2-14: Abkühlung von 1 m^3 gesättigter Luft ..... - 25 -
Abb. 2-15: Kühlung im h,x-Diagramm ..... - 26 -
Abb. 2-16: Hygro- Thermograph ..... - 27 -
Abb. 2-17: Erläuterung der Definitionen der Messmethoden ..... - 28 -
Abb. 2-18: Prinzip Thermoelement ..... - 31 -
Abb. 2-19: Aufbau eines Kondensators ..... - 32 -
Abb. 2-20: Kondensator des kapazitiven Feuchtesensors ..... - 32 -
Abb. 2-21: Weg des Ultraschall-Signal durch das Medium ..... - 35 -
Abb. 2-22: Laufzeitunterschied Δt ..... - 35 -
Abb. 3-1: Ost-Ansicht des FH Gebäudes ..... - 36 -
Abb. 3-2: West-Ansicht des FH Gebäudes ..... - 36 -
Abb. 3-3: Nord/Ost-Ansicht mit Versuchsräumen ..... - 36 -
Abb. 3-4: Nord-Ansicht mit Versuchsräumen ..... - 36 -
Abb. 3-5: Grundriss 2. OG, Gebäudeteil Ost mit Versuchsräumen ..... - 37 -
Abb. 3-6: Längsschnitt Gebäudeteil Ost mit Versuchsräumen ..... - 37 -
Abb. 3-7: Ost-Ansicht Gebäudeteil Ost mit Versuchsräumen ..... - 38 -
Abb. 3-8: Nord-Ansicht Gebäudeteil Ost mit Versuchsräumen ..... - 38 -
Abb. 3-9: Hydraulische Weiche ..... - 40 -
Abb. 3-10: Strangschema des Heizkreises Ost im FH Gebäude ..... - 40 -
Abb. 3-11: Heizkörper vor dem Umbau ..... - 41 -

Abb. 3-12: rückseitige Lamellen am Heizkörper .... - 41 -
Abb. 3-13: Prinzipskizze Heizkörper .... - 42 -
Abb. 3-14: Infrarotbild Heizkörper R. 2.08 .... - 43 -
Abb. 3-15: Infrarotbild Heizkörper R. 2.05 .... - 43 -
Abb. 3-16: eingesetzter Wärmetauscher .... - 44 -
Abb. 3-17: Strangschema des Heizkreises Ost nach dem Umbau .... - 44 -
Abb. 3-18: Rohrleitung links ohne und rechts mit kältetechn. Isolierung .... - 44 -
Abb. 3-19: Thermoelement .... - 44 -
Abb. 3-20: kapazitiver Feuchtefühler mit Schutzkappe .... - 44 -
Abb. 3-21: Thermoanemometer .... - 44 -
Abb. 3-22: Messraum mit Messsäulen .... - 44 -
Abb. 3-23: Globethermometer .... - 44 -
Abb. 3-24: Wetterstation .... - 44 -
Abb. 3-25: Globalstrahlungssensor .... - 44 -
Abb. 5-1: Auswertungen der Temperatur der Hygro- Thermographen .... - 57 -
Abb. 5-2: Auswertung der relativen Feuchte der Hygro- Thermographen .... - 57 -
Abb. 5-3: h,x-Diagramm mit Werten des gekühlten, des ungekühlten
und der Außenluft .... - 60 -
Abb. 5-4: 2.05 Raumtemperaturen verschiedener Höhen .... - 61 -
Abb. 5-5: Vergrößerung der markierten Abschnitts aus Abb. 5-4 .... - 62 -
Abb. 5-6: relative Luftefeuchte des vergrößerten Bereiches .... - 63 -
Abb. 5-7: Raumtemperaturen bei Vorlauftemperatur 13 °C .... - 66 -
Abb. 5-8: Raumtemperaturen bei Vorlauftemperaturen 16 °C .... - 66 -
Abb. 5-9: relative Luftfeuchte bei Vorlauftemperatur 13 °C .... - 67 -
Abb. 5-10: relative Luftfeuchte bei Vorlauftemperatur 16 °C .... - 67 -
Abb. 5-11: absolute Feuchte bei Vorlauftemperatur 13 °C .... - 68 -
Abb. 5-12: absolute Feuchte bei Vorlauftemperatur 16 °C .... - 68 -
Abb. 5-13: Kühlung abgeschaltet .... - 69 -
Abb. 5-14: Heizlüfter zur Aufheizung der Räume .... - 70 -
Abb. 5-15: künstliche Aufheizung .... - 72 -
Abb. 5-16: relative Luftfeuchte der Messphase 4 .... - 73 -
Abb. 5-17: absolute Luftfeuchte in der Messphase 4 .... - 73 -
Abb. 5-18: Temperaturkurven der Messphase 5 .... - 76 -
Abb. 5-19: relative Luftfeuchte in der Messphase 5 .... - 77 -
Abb. 5-20: absolute Luftfeuchte in der Messphase 5 .... - 77 -
Abb. 5-21: absolute Feuchten während der zeitversetzten Abkühlphasen ... - 78 -
Abb. 5-22: Temperaturkurven während Messphase 6 .... - 81 -
Abb. 5-23: relative Feuchte während Messphase 6 .... - 82 -
Abb. 5-24: absolute Feuchte während Messphase 6 .... - 82 -
Abb. 5-25: Raumtemperaturen während einer Besprechung .... - 85 -
Abb. 5-26: relative Luftfeuchte während einer Besprechung .... - 86 -
Abb. 5-27: absolute Luftfeuchte während einer Besprechung .... - 86 -
Abb. 5-28: Schimmelpilzbildung an der Oberseite des Kühlkörpers .... - 89 -
Abb. 5-29: Schimmelbildungen nach 4 Wochen .... - 89 -
Abb. 5-30: Entnommene Abklatschproben nach 10 Tagen Brutschrank .... - 90 -
Abb. 5-31: Temperaturkurven der Messphase 8 .... - 91 -

Abb. 5-32: relative Luftfeuchte der Messphase 8 .... - 92 -
Abb. 5-33: absolute Luftfeuchte der Messphase 8 .... - 92 -
Abb. 5-34: Temperaturkurven der Messphase 9 .... - 94 -
Abb. 5-35: relative Luftfeuchte der Messphase 9 .... - 95 -
Abb. 5-36: absolute Luftfeuchte der Messphase 9 .... - 95 -
Abb. 8-1: Reserveanschluss der Fernkälte .... - A1 -
Abb. 8-2: Pumpe im Primärkreis .... - A1 -
Abb. 8-3: Installierte T-Stücke zur Einspeisung des Kaltwassers (links),
 Primärkreislauf und Wärmetauscher der Kaltwasserversorgung .. - A1 -
Abb. 8-4: Sekundärkreislauf der Kaltwasserversorgung mit Pumpe und
 Mischerventil, abgeschlossener Umbau der Anlage (rechts) .... - A2 -
Abb. 8-5: Umbau der Anlage mit Isolierung (links), Regelungseinrichtung
 zur Vorwahl der Vorlauftemperatur (rechts) .... - A2 -
Abb. 8-6: Kondensatanfall am Kühlkörper .... - A3 -
Abb. 8-7: Heizungsrohre nur im sichtbaren Bereich lackiert .... - A3 -
Abb. 8-8: Korrosion an den Übergängen zu den Ventilen (Kreise) .... - A3 -
Abb. 8-9: Kondensatbild am Kühlkörper .... - A4 -
Abb. 8-10: Kondensat in der Auffangwanne .... - A4 -
Abb. 8-11: Ultraschallmessgerät zur Volumenstrombestimmung (oben) ...... - A4 -
Abb. 8-12: Arbeitsplatz mit Computer zur Messdatenerfassung (rechts) ...... - A4 -

8. Anhang

Umbau der Heizungsanlage zur Kühlung

Abb. 8-1: Reserveanschluss der Fernkälte vor dem Umbau

Abb. 8-2: Pumpe im Primärkreis

Abb. 8-3: Installierte T-Stücke zur Einspeisung des Kaltwassers (links), Primärkreislauf und Wärmetauscher der Kaltwasserversorgung

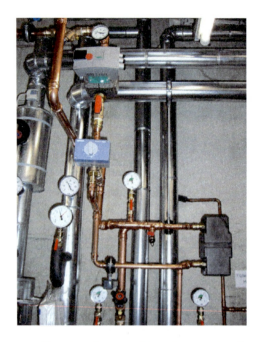 

Abb. 8-4: Sekundärkreislauf der Kaltwasserversorgung mit Pumpe und Mischerventil (links), abgeschlossener Umbau der Anlage (rechts)

Abb. 8-5: Umbau der Anlage mit Isolierung (links), Regelungseinrichtung zur Vorwahl der Vorlauftemperatur (rechts)

Fotos Heizanlage in den Versuchsräumen

Es zeigte sich bereits in der ersten Kühlphase, dass nicht alle Rechteckrohre des Kühlkörpers optimal durchströmt wurden.

nicht optimal durchströmt, keine Kondensatbildung

Abb. 8-6: Kondensatanfall am Kühlkörper

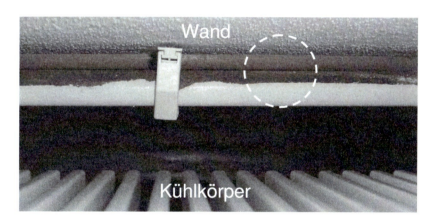

Abb. 8-7: Heizungsrohre nur im sichtbaren Bereich lackiert

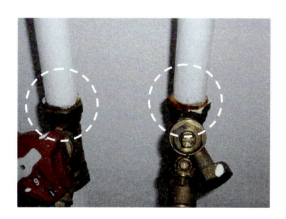 

Abb. 8-8: Korrosion an den Übergängen zu den Ventilen (Kreise)

Abb. 8-9: Kondensatbild am Kühlkörper

Abb. 8-10: Kondensat in der Auffangwanne

Abb. 8-11: Ultraschallmessgerät zur Volumenstrombestimmung (oben)

Abb. 8-12: Arbeitsplatz mit Computer zur Messdatenerfassung (rechts)

Pläne

Flur 6

Projekt	Emil-Figge-Str. 40	Standort	44136 Dortmund
Titel	Forschungsprojekt H + K	Gebäudenr.	40
Zeichn.Nr.	001	Maßstab	1:1000
Datum	04.11.08	Plan	Lageplan

Fachhochschule Dortmund

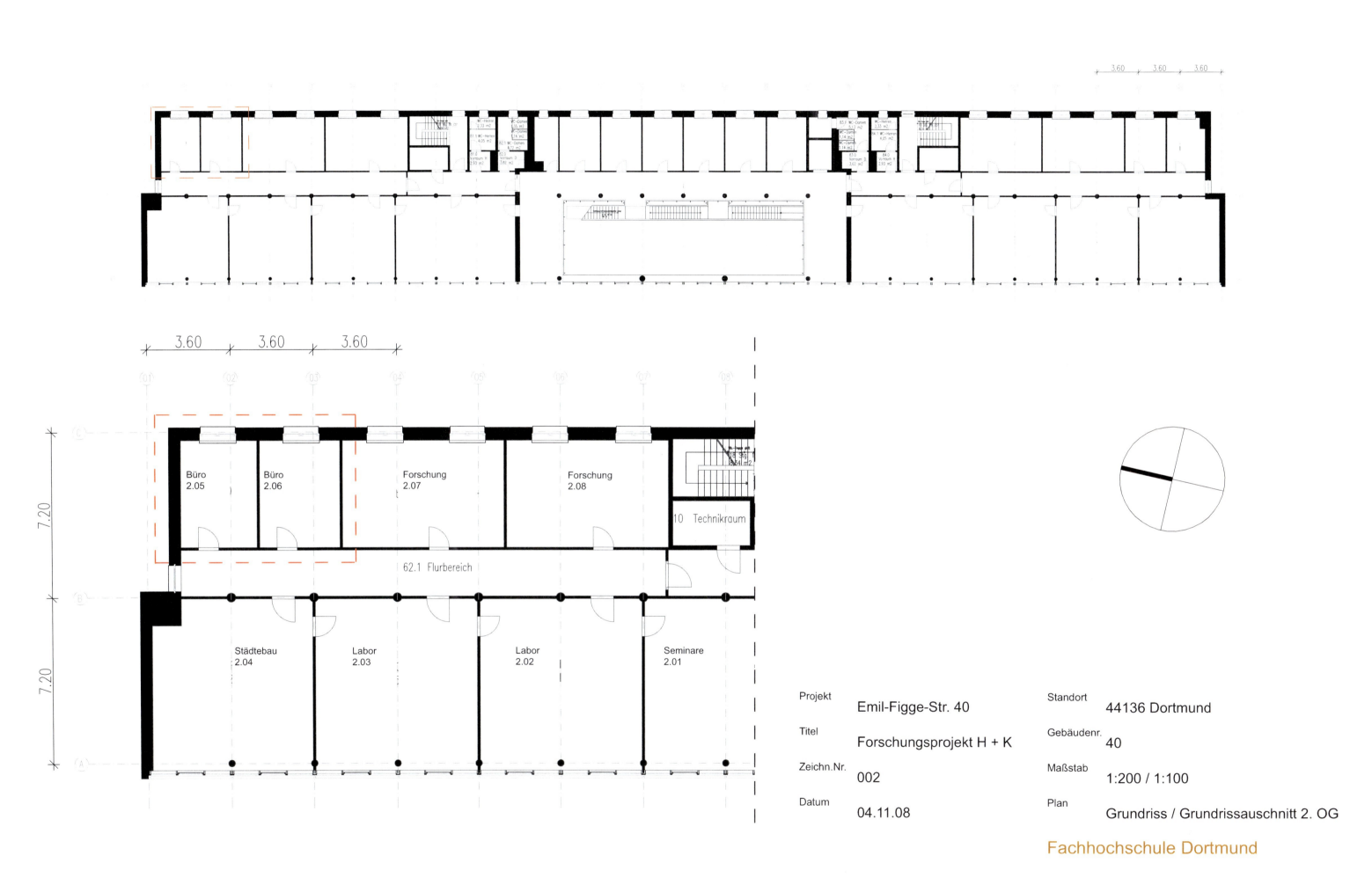

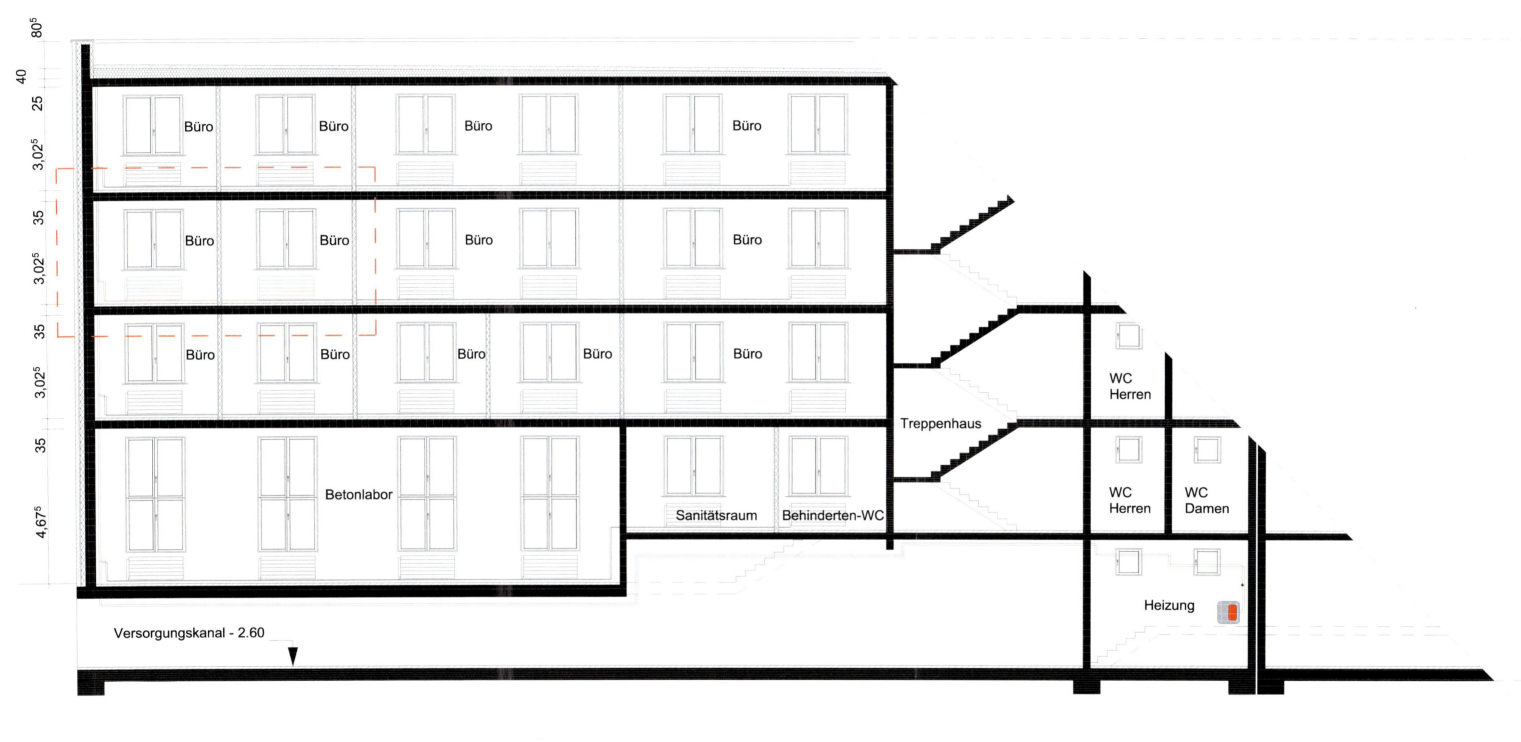

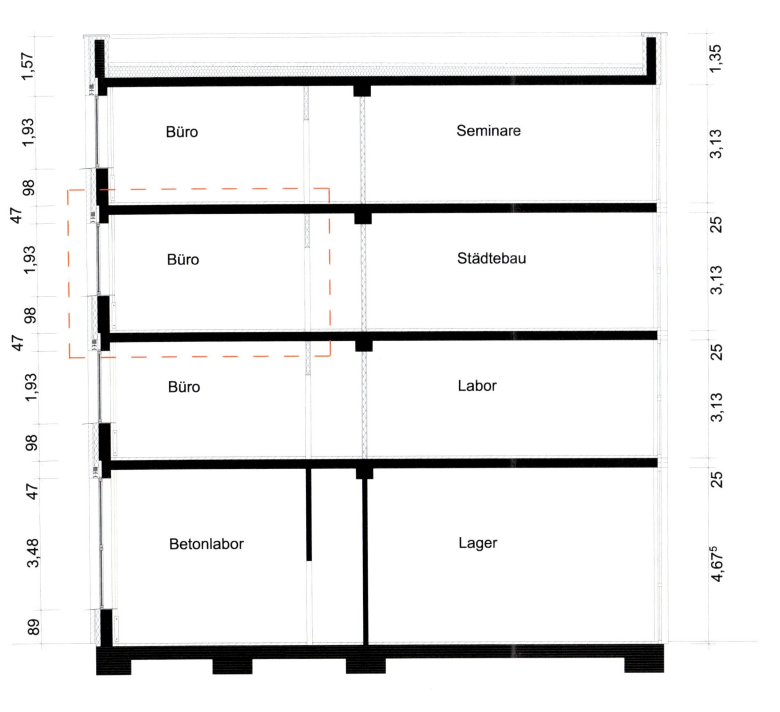
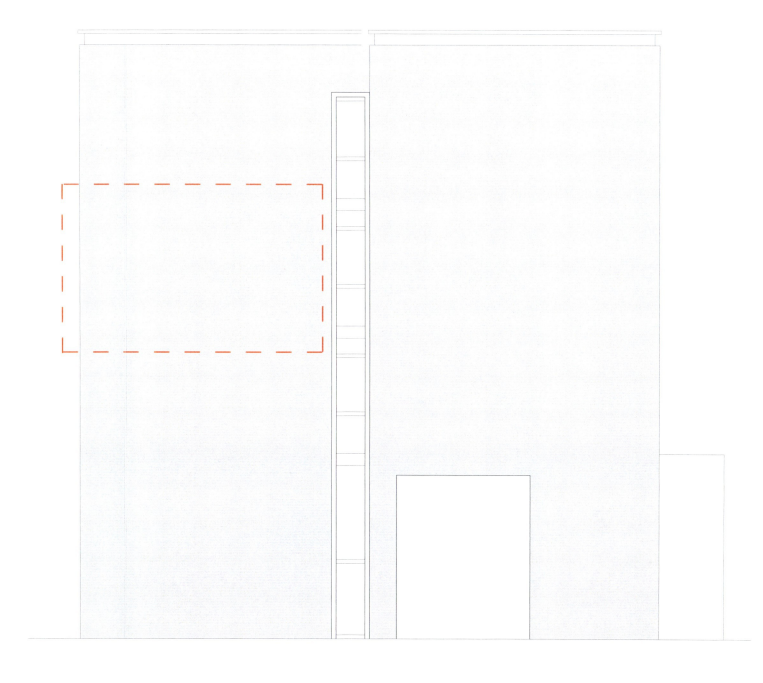

Projekt	Emil-Figge-Str. 40	Standort	44136 Dortmund
Titel	Forschungsprojekt H + K	Gebäudenr.	40
Zeichn.Nr.	004	Maßstab	1:100
Datum	04.11.08	Plan	Querschnitt / Ansicht Nord

Fachhochschule Dortmund

Projekt	Emil-Figge-Str. 40	Standort	44136 Dortmund
Titel	Forschungsprojekt H + K	Gebäudenr.	40
Zeichn.Nr.	005	Maßstab	1:100
Datum	04.11.08	Plan	Ansicht Ost

Fachhochschule Dortmund

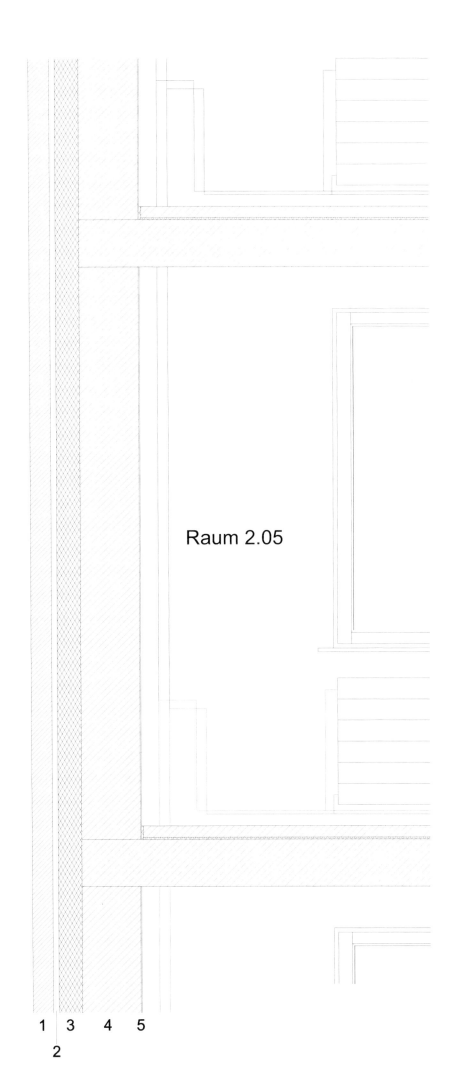
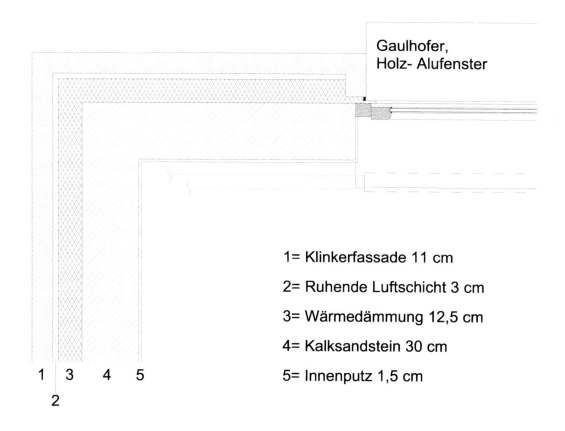

Raum 2.05

Gaulhofer, Holz- Alufenster

1= Klinkerfassade 11 cm
2= Ruhende Luftschicht 3 cm
3= Wärmedämmung 12,5 cm
4= Kalksandstein 30 cm
5= Innenputz 1,5 cm

Projekt	Emil-Figge-Str. 40
Titel	Forschungsprojekt H + K
Zeichn.Nr.	007
Datum	04.11.08
Standort	44136 Dortmund
Gebäudenr.	40
Maßstab	1:20
Plan	Fassadenschnitt / Gebäudeecke

Fachhochschule Dortmund

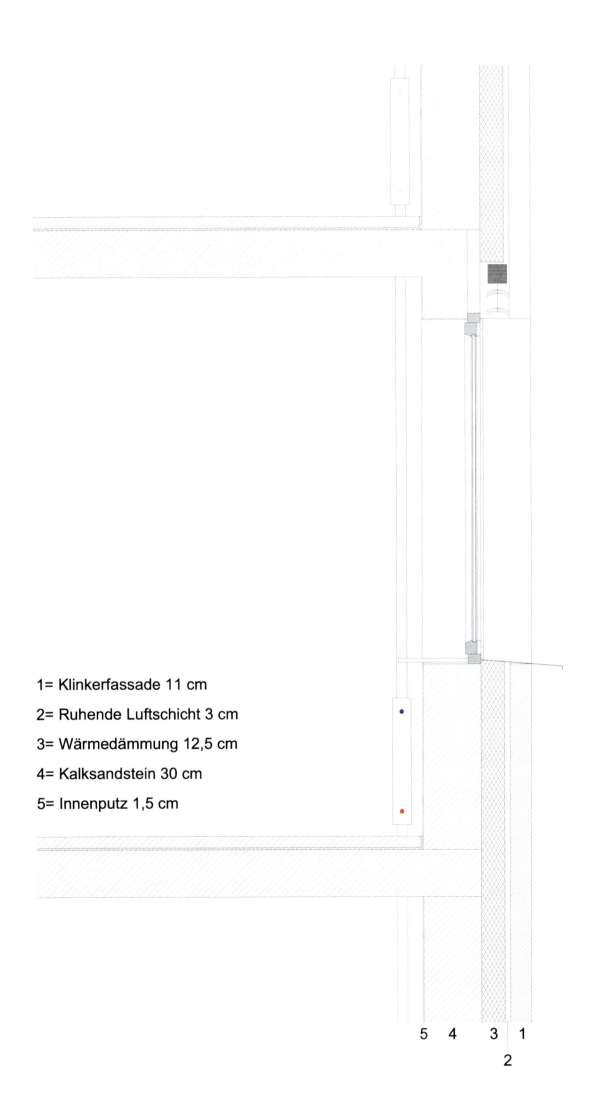
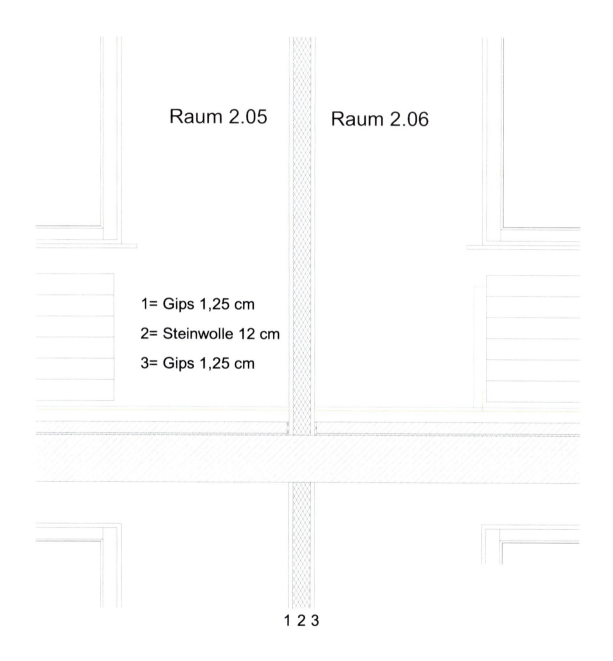

Raum 2.05   Raum 2.06

1= Gips 1,25 cm
2= Steinwolle 12 cm
3= Gips 1,25 cm

1= Klinkerfassade 11 cm
2= Ruhende Luftschicht 3 cm
3= Wärmedämmung 12,5 cm
4= Kalksandstein 30 cm
5= Innenputz 1,5 cm

Projekt	Emil-Figge-Str. 40	Standort	44136 Dortmund
Titel	Forschungsprojekt H + K	Gebäudenr.	40
Zeichn.Nr.	008	Maßstab	1:20
Datum	04.11.08	Plan	Fassadenschnitt / Schnitt Trennwand

Fachhochschule Dortmund

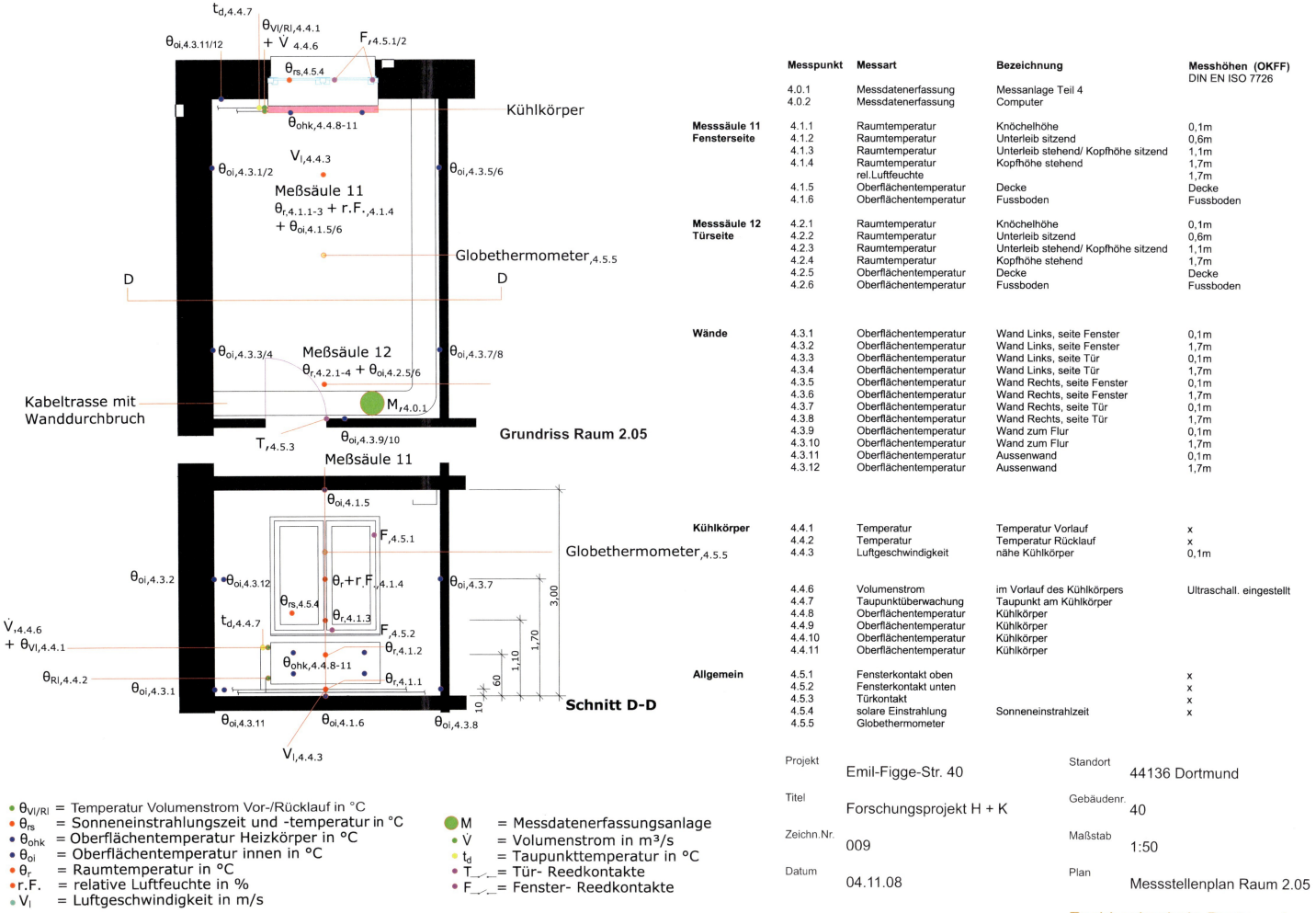

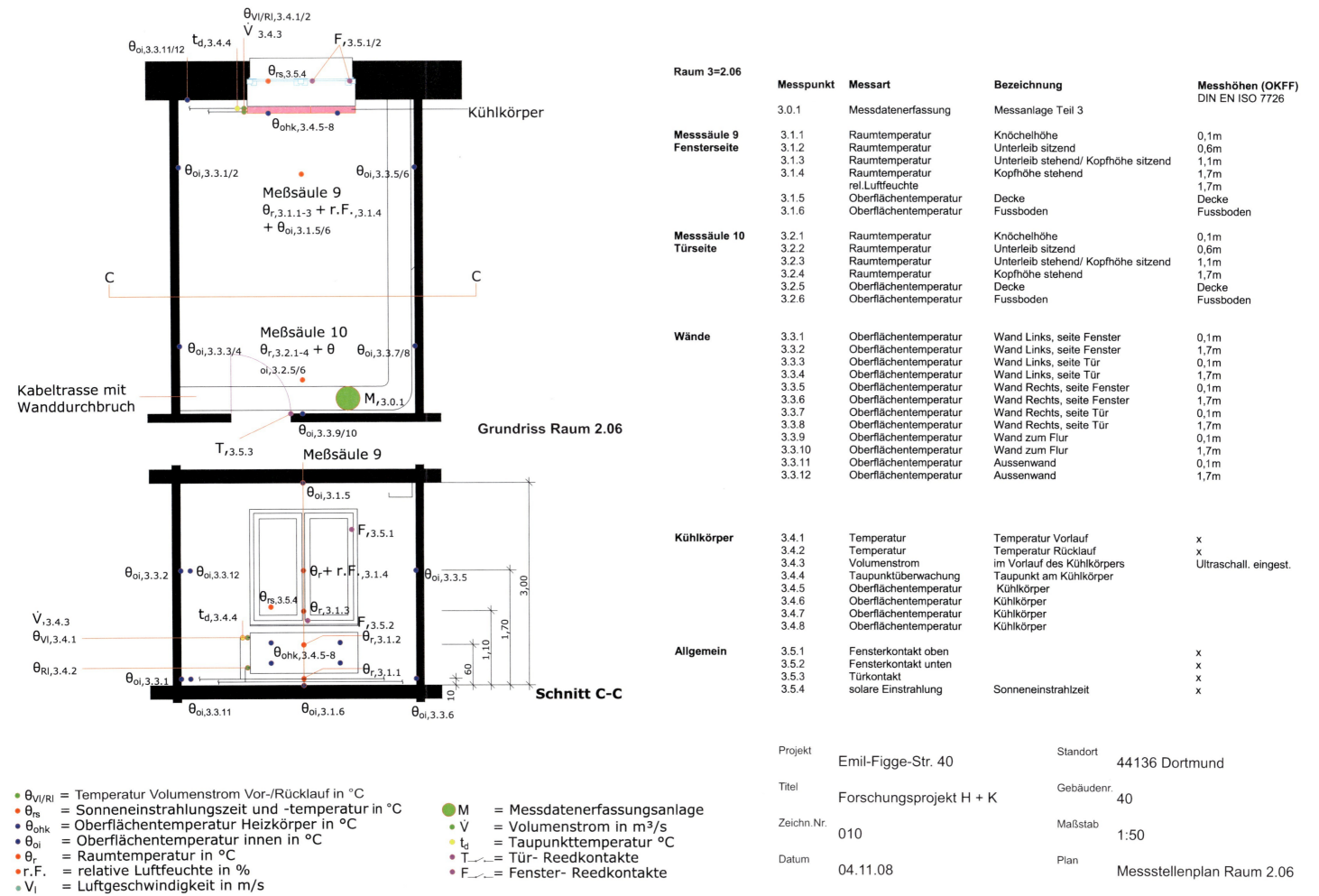

ANZEIGE

Fraunhofer IRB Verlag
Der Fachverlag zum Planen und Bauen

Fachzeitschrift mit Tradition

Kurzberichte aus der Bauforschung
Building Research Summaries

Bauforscher berichten über die aktuellen Ergebnisse ihrer Projekte. Oft haben sie Erkenntnisse gewonnen, die direkt in die Praxis umsetzbar sind. »Kurzberichte aus der Bauforschung« ist deshalb nicht nur für Forscher von Interesse, sondern auch für Praktiker aus Planung und Ausführung, die ihre Wettbewerbsfähigkeit pflegen wollen.

Kurznachrichten über laufende Bauforschungsvorhaben und Porträts von Forschungseinrichtungen und -förderern ergänzen die Kurzberichte und machen die Zeitschrift zum zentralen Medium für die Bauforschung – übrigens schon im 52. Jahrgang. Der Schwerpunkt liegt im deutschsprachigen Raum. Es werden aber auch Forschungsergebnisse aus anderen europäischen Staaten aufgenommen.

Unsere Partner:
- Bundesministerium für Verkehr, Bau und Stadtentwicklung BMVBS
- Bundesinstitut für Bau-, Stadt- und Raumforschung (BBSR) im Bundesamt für Bauwesen und Raumordnung (BBR)
- Deutsches Institut für Bautechnik DIBt
- Deutscher Beton- und Bautechnik-Verein E.V. DBV
- Deutscher Ausschuss für Stahlbeton DAfStb

Internationale Partner:
- International Council for Research and Innovation in Building and Construction CIB
- Building Research Establishment BRE [UK]
- Centre Scientifique et Technique du Bâtiment CSTB [FR]
- Bundesministerium für Wirtschaftliche Angelegenheiten in Österreich

Bestellung: Fax 0711 970-2508 oder -2507

Kurzberichte aus der Bauforschung
Building Research Summaries
Hrsg.: Fraunhofer-Informationszentrum Raum und Bau IRB, Stuttgart
2011 | ISSN 0177-3550 | Fraunhofer IRB Verlag

☐ **Jahresabonnement** [sechs Ausgaben] € 80,50 [CHF 127,–] zzgl. Versandkosten Inland € 7,20 | Ausland € 12,–
☐ **Kennenlern-Abonnement** [drei Hefte zum Preis von zwei] € 30,– [CHF 50,50] zzgl. Versandkosten Inland € 3,60 | Ausland € 6,–
    Wenn ich an der Lieferung weiterer Ausgaben »Kurzberichte aus der Bauforschung« nicht interessiert bin, teile ich dies dem Fraunhofer IRB Verlag spätestens innerhalb einer Woche nach Erhalt der 3. Ausgabe mit. Andernfalls beginnt das reguläre Abonnement mit der nächsten Ausgabe zum Jahrespreis von € 80,50 [inkl. MwSt. zzgl. Versandkosten].

☐ **Einzelheft** _____ € 15,– [CHF 26,80] zzgl. Versandkosten Inland € 1,20 | Ausland € 2,–
☐ **Kostenloses Probeexemplar**

Mir ist bekannt, dass ich diese Bestellung innerhalb von zwei Wochen bei dem Fraunhofer IRB Verlag, Postfach 80 04 69, 70504 Stuttgart schriftlich widerrufen kann. Zur Wahrung der Frist genügt die rechtzeitige Absendung des Widerrufs.

Fraunhofer IRB Verlag
Fraunhofer-Informationszentrum
Raum und Bau
Postfach 80 04 69
70504 Stuttgart

Absender ....
E-Mail ....
Straße/Postfach ....
PLZ/Ort ....
Datum/Unterschrift ....

Fraunhofer IRB Verlag • Postfach 80 04 69 • 70504 Stuttgart • Tel. 0711 / 970-2500 • Fax 0711 / 970-2508 • irb@irb.fraunhofer.de • www.baufachinformation.de

ANZEIGE

Fraunhofer IRB Verlag
Der Fachverlag zum Planen und Bauen

Bauforschung für die Praxis

☐ **Modernisierungsempfehlungen im Rahmen der Ausstellung eines Energieausweises**
G. Hauser, M. Ettrich, M. Hoppe
Band 96: 2010, 200 S., zahlr. Abb., Kart.
ISBN 978-3-8167-8333-6 | € 40,– [CHF 64,–]

☐ **Ein- und Zweifamilienhäuser im Lebens- und Nutzungszyklus**
R. Weeber, L. Küchel, D. Baumann, H. Weeber
Band 95: 2010, 121 S., zahlr. Abb., Kart.
ISBN 978-3-8167-8309-1 | € 33,– [CHF 55,50]

☐ **Wohnformen für Hilfebedürftige**
Jutta Kirchhoff, Bernd Jacobs
Band 94: 2010, 121 S., zahlr. Abb., Kart.
ISBN 978-3-8167-8222-3 | € 33,– [CHF 55,50]

☐ **Entwicklung von alternativen Finanzierungsmöglichkeiten für mittelständische Bauunternehmen**
E. W. Marsch, C. Hoffmann, K. Wischhof
Band 93: 2010, 100 S., 64 Abb., Kart.
ISBN 978-3-8167-8225-4 | € 31,– [CHF 52,–]

☐ **Rückbau von Wohngebäuden unter bewohnten Bedingungen - Erschließung von Einsparpotentialen**
B. Janorschke, B. Rebel, U. Palzer
Band 92: 2010, 146 S., zahlr. Abb., Kart.
ISBN 978-3-8167-8186-8 € 32,– [CHF 54,–]

☐ **Smart Home für ältere Menschen**
Sibylle Meyer, Eva Schulze
Band 91: 2010, 94 S., zahlr. Abb. u. Tab., Kart.
ISBN 978-3-8167-8136-3 | € 33,– [CHF 55,50]

☐ **WohnwertBarometer**
L. Dammaschk, S. El khouli, M. Keller, u.a.
Band 90: 2010, 172 S., zahlr. Abb. u. Tab., Kart.
ISBN 978-3-8167-8135-6 | € 50,– [CHF 79,–]

☐ **Nachträgliche Abdichtung von Wohngebäuden gegen drückendes Grundwasser unter Verwendung von textilbewehrtem Beton**
Wolfgang Brameshuber, Rebecca Mott
Band 89: 2009, 78 S., zahlr. Abb. u. Tab., Kart.
ISBN 978-3-8167-8024-3 | € 32,– [CHF 54,–]

☐ **Sanierung von drei kleinen Wohngebäuden in Hofheim**
Hrsg.: Institut Wohnen und Umwelt GmbH IWU
Band 88: 2009, 175 S., zahlr. Abb. u. Tab., Kart.
ISBN 978-3-8167-7935-3 | € 40,– [CHF 64,–]

☐ **Kritische Schnittstellen bei Eigenleistungen**
R. Oswald, S. Sous, R. Abel, M. Zöller, J. Kottjé
Band 87: 2008, 62 S., zahlr. Abb. u. Tab., Kart.
ISBN 978-3-8167-7814-1 | € 22,– [CHF 38,–]

☐ **elife**
Hrsg.: Manfred Hegger
Band 86: 2008, 303 S., zahlr. Abb. u. Tab., Kart.
ISBN 978-3-8167-7615-4 | € 46,– [CHF 72,50]

☐ **Biomasseheizungen für Wohngebäude mit mehr als 1.000 qm Gesamtnutzfläche**
Claus-Dieter Clausnitzer
Band 85: 2008, 161 S., zahlr. Abb. u. Tab., Kart.
ISBN 978-3-8167-7614-7 | € 40,– [CHF 64,–]

☐ **Schimmelpilzbefall bei hochwärmegedämmten Neu- und Altbauten**
Rainer Oswald, Geraldine Liebert, Ralf Spilker
Band 84: 2008, 90 S., zahlr. Abb. u. Tab., Kart.
ISBN 978-3-8167-7613-0 | € 31,– [CHF 52,–]

☐ **Zuverlässigkeit von Flachdachabdichtungen aus Kunststoff- und Elastomerbahnen**
Rainer Oswald, Ralf Spilker, Geraldine Liebert, Silke Sous, Matthias Zöller
Band 83: 2008, 342 S., zahlr. Abb. u. Tab., Kart.
ISBN 978-3-8167-7612-3 | € 50,– [CHF 79,–]

☐ **Attraktive Stadtquartiere für das Leben im Alter**
G. Steffen, D. Baumann, A. Fritz
Band 82: 2007, 120 S., zahlr. Abb. u. Tab., Kart.
ISBN 978-3-8167-7418-1 | € 30,– [CHF 50,50]

☐ **Barrierearm – Realisierung eines neuen Begriffes**
S. Edinger, H. Lerch, C. Lentze
Band 81: 2007, 192 S., zahlr. Abb. u. Tab., Kart.
ISBN 978-3-8167-7409-9 | € 50,– [CHF 79,–]

☐ **Weiße Wannen – hochwertig genutzt**
Rainer Oswald, Klaus Wilmes, Johannes Kottjé
Band 80: 2007, 72 S., zahlr. Abb. u. Tab., Kart.
ISBN 978-3-8167-7344-3 | € 29,– [CHF 48,90]

☐ **Planung plus Ausführung?**
Hannes Weeber, Simone Bosch
Band 79: 2006, 142 S., zahlr. Abb. u. Tab., Kart.
ISBN 978-3-8167-7247-7 | € 32,– [CHF 54,–]

☐ **Wohnen mit Assistenz**
Gabriele Steffen, Antje Fritz
Band 78: 2006, 240 S., zahlr. Abb. u. Tab., Kart.
ISBN 978-3-8167-7129-6 | € 40,– [CHF 64,–]

☐ **Prognoseverfahren zum biologischen Befall durch Algen, Pilze und Flechten an Bauteiloberflächen auf Basis bauphysikalischer und mikrobieller Untersuchungen**
C. Fritz, W. Hofbauer, K. Sedlbauer, M. Krus, u.a.
Band 77: 2006, 304 S., zahlr. Abb. u. Tab., Kart.
ISBN 978-3-8167-7102-9 | € 50,– [CHF 79,–]

☐ **Eigenkapital im Baugewerbe**
Wolfgang Jaedicke, Jürgen Veser
Band 76: 2006, 94 S., zahlr. Tab., Kart.
ISBN 978-3-8167-7100-5 | € 25,– [CHF 42,90]

☐ **Feuchtepufferwirkung von Innenraumbekleidungen aus Holz oder Holzwerkstoffen**
H.M. Künzel, A. Holm, K. Sedlbauer, u.a.
Band 75: 2006, 55 S., zahlr. Abb. u. Tab., Kart.
ISBN 978-3-8167-7094-7 | € 20,– [CHF 34,90]

☐ **Wärmebrückenkatalog für Modernisierungs- und Sanierungsmaßnahmen zur Vermeidung von Schimmelpilzen**
Horst Stiegel, Gerd Hauser
Band 74: 2006, 184 S., zahlr. Abb. u. Tab., Kart.
ISBN 978-3-8167-6922-4 | € 35,– [CHF 59,–]

☐ **Entwicklung technischer und wirtschaftlicher Konzepte zur Konservierung von leer stehenden Altbauten**
Tobias Jacobs, Jens Töpper
Band 73: 2006, 70 S., zahlr. Abb. u. Tab., Kart.
ISBN 978-3-8167-6921-7 | € 25,– [CHF 42,90]

☐ **Kurzverfahren Energieprofil**
T. Loga, N. Diefenbach, J. Knissel, R. Born
Band 72: 2005, 160 S., zahlr. Abb. u. Tab., Kart.
ISBN 978-3-8167-6911-8 | € 35,– [CHF 59,–]

Alle Bände der Reihe auch zum Download
www.irb.fraunhofer.de/bauforschung
→ Produkte

Bestellung:
Fax 0711 970-2508 oder -2507

Fraunhofer IRB Verlag
Fraunhofer-Informationszentrum
Raum und Bau IRB
Postfach 80 04 69
70504 Stuttgart

Absender ....
E-Mail ....
Straße/Postfach ....
PLZ/Ort ....
Datum/Unterschrift ....

ANZEIGE

Fraunhofer IRB Verlag
Der Fachverlag zum Planen und Bauen

- ☐ **Unternehmenskooperationen und Bauteam-Modelle für den Bau kostengünstiger Einfamilienhäuser**
  Hannes Weeber, Simone Bosch
  Band 71: 2005, 145 S., zahlr. Abb., Kart.
  ISBN 978-3-8167-6894-4 | € 35,– [CHF 59,–]

- ☐ **Technischer Leitfaden Plattenbau**
  E. Künzel, J. Blume-Wittig, M. Kott, C. Ost
  Band 70: 2004, 200 S., zahlr. Abb., Tab., Kart.
  ISBN 978-3-8167-6678-0 | € 49,– [CHF 77,50]

- ☐ **Untersuchung und Verbesserung der kontrollierten Außenluftzuführung über Außenwand-Luftdurchlässe unter besonderer Berücksichtigung der thermischen Behaglichkeit in Wohnräumen**
  D. Markfort, E. Heinz, K. Maschewski, u.a.
  Band 69: 2005, 186 S., zahlr. Abb., Tab., Kart.
  ISBN 978-3-8167-6635-3 | € 45,– [CHF 71,–]

- ☐ **Anwendung der Passivtechnologie im sozialen Wohnbau**
  H. Schöberl, S. Hutter, T. Bednar, u. a.
  Band 68: 2005, 203 S., zahlr. Abb., Tab., Kart.
  ISBN 978-3-8167-6634-6 | € 45,– [CHF 71,–]

- ☐ **Bewertung von dezentralen, raumweisen Lüftungsgeräten für Wohngebäude sowie Bestimmung von Aufwandszahlen für die Wärmeübergabe im Raum infolge Sanierungsmaßnahmen**
  W. Richter, T. Ender, R. Gritzki, T. Hartmann
  Band 67: 2005, 152 S., zahlr. Abb., Tab., Kart.
  ISBN 978-3-8167-6631-5 | € 40,– [CHF 64,–]

- ☐ **Schimmelpilzbildung bei Dachüberständen und an Holzkonstruktionen**
  S. Winter, D. Schmidt, H. Schopbach
  Band 66: 2004, 135 S., zahlr. farbige Abb., Kart.
  ISBN 978-3-8167-6483-0 | € 38,– [CHF 62,–]

- ☐ **Schwachstellen beim Kostengünstigen Bauen**
  Rainer Oswald, Johannes Kottjé, Silke Sous
  Band 65: 2004, 114 S., zahlr. Abb., Tab., Kart.
  ISBN 978-3-8167-6471-7 | € 38,– [CHF 62,–]

- ☐ **Nachhaltig gute Wohnqualität – Beispielhafte Einfamilienhäuser in verdichteter Bebauung**
  Hannes Weeber, Simone Bosch
  Band 64: 2004, 220 S., zahlr. Abb., Kart.
  ISBN 978-3-8167-6445-8 | € 54,– [CHF 88,50]

- ☐ **Einfluss des Nutzerverhaltens auf den Energieverbrauch in Niedrigenergie- und Passivhäusern**
  W. Richter, T. Ender, T. Hartmann, u.a.
  Band 63: 2003, 127 S., zahlr. Abb., Tab., Kart.
  ISBN 978-3-8167-6345-1 | € 38,– [CHF 62,–]

- ☐ **Baukostensenkung durch Anwendung innovativer Wettbewerbsmodelle**
  Udo Blecken, Lothar Boenert
  Band 62: 2003, 350 S., zahlr. Abb., Tab., Kart.
  ISBN 978-3-8167-6338-3 | € 54,– [CHF 85,50]

- ☐ **Flachdachsanierung über durchfeuchteter Dämmschicht**
  Ralf Spilker
  Band 61: 2003, 260 S., zahlr. farb. Abb., Kart.
  ISBN 978-3-8167-6183-9 | € 49,– [CHF 77,50]

- ☐ **Bauqualität – Verfahrensqualität und Produktqualität bei Projekten des Wohnungsbaus**
  Hannes Weeber, Simone Bosch
  Band 60: 2003, 170 S., Abb., Tab., Kart.
  ISBN 978-3-8167-4259-3 | € 49,– [CHF 77,50]

- ☐ **Brandschutzkosten im Wohnungsbau**
  Karl Deters
  Band 59: 2002, 245 S., zahlr. Abb., Tab., Kart.
  ISBN 978-3-8167-4258-6 | € 54,– [CHF 85,50]

- ☐ **Gemeinschaftliches Wohnen im Alter**
  R. Weeber, G. Wölfle, V. Rösner
  Band 58: 2001, 175 S., zahlr. Abb., Tab., Kart.
  ISBN 978-3-8167-4257-9 | € 49,80 [CHF 78,50]

- ☐ **Entwicklung eines Bewertungssystems für ökonomisches und ökologisches Bauen und gesundes Wohnen**
  C.J. Diederichs, P. Getto, S. Streck
  Band 57: 2003, 230 S., zahlr. Abb., Tab., Kart., mit CD-ROM
  ISBN 978-3-8167-4256-2 | € 54,– [CHF 85,50]

- ☐ **Vergabeverfahren und Baukosten**
  Hannes Weeber, Simone Bosch
  Band 56: 2001, 192 S., zahlr. Abb. u. Tab., Kart.
  ISBN 978-3-8167-4255-5 | € 54,– [CHF 85,50]

- ☐ **Konzepte für die praxisorientierte Instandhaltungsplanung im Wohnungsbau**
  Ralf Spilker, Rainer Oswald
  Band 55: 2000, 71 S., 5 Abb., zahlr. Tab., Kart.
  ISBN 978-3-8167-4254-8 | € 24,80 [CHF 42,60]

- ☐ **Bewährung innen wärmegedämmter Fachwerkbauten**
  R. Lamers, D. Rosenzweig, R. Abel
  Band 54: 2000, 173 S., 123 Abb., Kart.
  ISBN 978-3-8167-4253-1 | € 27,– [CHF 45,90]

- ☐ **Überprüfbarkeit und Nachbesserbarkeit von Bauteilen – untersucht am Beispiel der genutzten Flachdächer**
  Rainer Oswald, Ralf Spilker, Klaus Wilmes
  Band 53: 1999, 133 S., 49 Abb., 4 Tab., Kart.
  ISBN 978-3-8167-4252-4 | € 39,80 [CHF 64,–]

- ☐ **Balkone – kostengünstig und funktionsgerecht**
  Hannes Weeber, Margit Lindner
  Band 51: 1999, 146 S., 102 Abb., 26 Tab., Kart.
  ISBN 978-3-8167-4250-0 | € 39,80 [CHF 64,–]

- ☐ **Kostenfaktor Erschließungsanlagen**
  Hannes Weeber, Michael Rees
  Band 50: 1999, 226 S., 107 Abb., 15 Tab., Kart.
  ISBN 978-3-8167-4249-4 | € 54,– [CHF 85,50]

- ☐ **Kosteneinsparung durch Bauzeitverkürzung**
  Barbara Bredenbals, Heinz Hullmann
  Band 48: 1999, 174 S., 38 Abb., 36 Tab., Kart.
  ISBN 978-3-8167-4247-0 | € 39,80 [CHF 64,–]

- ☐ **Sicherung des baulichen Holzschutzes**
  Horst Schulze
  Band 45: 1998, 168 S., Abb., Tab., Kart.
  ISBN 978-3-8167-4244-9 | € 24,80 [CHF 42,60]

- ☐ **Ausschreibungshilfen für recyclinggerechte Wohnbauten**
  Barbara Bredenbals, Wolfgang Willkomm
  Band 41: 1998, 172 S., 28 Abb., Kart.
  ISBN 978-3-8167-4240-1 | € 24,80 [CHF 42,60]

Kostenlose Zusendung von:
☐ Newsletter Bauforschung [4 Ausgaben pro Jahr]   ☐ per Post   ☐ per E-Mail
☐ Informationen über Neuerscheinungen

Bestellung: Fax 0711 970-2508 oder -2507

Fraunhofer IRB Verlag
Fraunhofer-Informationszentrum
Raum und Bau IRB
Postfach 80 04 69
70504 Stuttgart

Absender ....
E-Mail ....
Straße/Postfach ....
PLZ/Ort ....
Datum/Unterschrift ....

Fraunhofer IRB Verlag • Postfach 80 04 69 • 70504 Stuttgart • Tel. 0711/970-2500 • Fax 0711/970-2508 • irb@irb.fraunhofer.de • www.baufachinformation.de

Bauforschungsportal

www.irb.fraunhofer.de/bauforschung

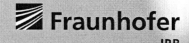

Das Portal **Bauforschung** unterstützt die Umsetzung der Bauforschungsergebnisse in die Praxis, fördert den Ergebnisaustausch zwischen den Forschern und hilft dabei, doppelte Forschungsansätze zu vermeiden.

Zielgruppen sind neben Wissenschaftlern in erster Linie Bau- und Planungspraktiker, die bei der Umsetzung ihrer Aufgaben neueste Erkenntnisse einsetzen wollen. Da das Fraunhofer IRB über einen großen Fundus an Bauforschungsergebnissen verfügt, der weit in die Vergangenheit reicht, können sich die Nutzer auch über den Stand der Technik früherer Jahre informieren.

Wichtige Förderinstitutionen der Bauforschung im deutschsprachigen Raum sorgen schon seit Jahrzehnten dafür, dass sowohl eine Projektbeschreibung bei Beginn des Forschungsvorhabens als auch der Abschlussbericht nach Beendigung der Forschungsarbeit dem Fraunhofer IRB zur Verfügung gestellt wird.

Hinzu kamen und kommen Institutionen, Forschungsinstitute und Forscher, die ihre Forschungsergebnisse zur Verfügung stellen, weil sie an einer Verbreitung ihrer Erkenntnisse interessiert sind.

Forschungsberichte und Dissertationen, Bücher, Aufsätze und Zeitschriftenaufsätze, die sich mit Bauforschung bzw. Forschungsergebnissen beschäftigen sowie Hinweise auf laufende und abgeschlossene Forschungsprojekte.

Weitere Informationen:
Fraunhofer-Informationszentrum Raum und Bau IRB
Nobelstraße 12 | 70569 Stuttgart
Tel. 0711 970-2500 | Fax 0711 970-2507
www.irb.fraunhofer.de/bauforschung
irb@irb.fraunhofer.de

Ansprechpartnerin:
Ursula Schreck-Offermann | Tel. 0711 970-2551 | so@irb.fraunhofer.de